都市农夫：

玩转小菜园

赵晶／编著

海峡出版发行集团 福建科学技术出版社
THE STRAITS PUBLISHING & DISTRIBUTING GROUP　FUJIAN SCIENCE & TECHNOLOGY PUBLISHING HOUSE

图书在版编目（CIP）数据

都市农夫：玩转小菜园 / 赵晶编著. —福州：福建科学技术出版社，2018.7

ISBN 978-7-5335-5580-1

Ⅰ.①都… Ⅱ.①赵… Ⅲ.①蔬菜园艺 Ⅳ.①S63

中国版本图书馆CIP数据核字（2018）第044720号

书　　名　都市农夫：玩转小菜园
编　　著　赵晶
出版发行　福建科学技术出版社
社　　址　福州市东水路76号（邮编350001）
网　　址　www.fjstp.com
经　　销　福建新华发行（集团）有限责任公司
印　　刷　福建彩色印刷有限公司
开　　本　700毫米×1000毫米　1/16
印　　张　12
图　　文　192码
版　　次　2018年7月第1版
印　　次　2018年7月第1次印刷
书　　号　ISBN 978-7-5335-5580-1
定　　价　40.00元

书中如有印装质量问题，可直接向本社调换

每个人都可以是
快乐的农夫

种植是一项古老的活动。从农耕时代开始，我们的祖先在种植过程中，就赋予了土地崇高的感情和理想。时至今日，即便现代人被钢筋水泥所包围，被手机、电脑等电子产品所迷惑，但在我们的内心深处，依然渴望着一份安宁和平静。这份安宁和平静从何而来？答案是：土地。

泥土的气息，植物的芬芳，空气的清新，总能触动你内心柔软的地方，所以才有那么多的都市人群渴望逃离城市，向往田园生活。这似乎是城里人的"非分之想"。其实，亲近大自然，享受田园之乐有一个简单的方法，就是在家里种菜，哪怕只是种几棵小青菜。种植过程带来的快乐，那是用文字无法表达的。

去种菜吧，做一位快乐的农夫！忘掉凡尘俗世的一切烦恼，享受种植的趣味与收获的喜悦，为平淡无奇的生活制造一点惊喜！

目　录

第三章 种瓜得瓜，种豆得豆

第四章 人人都爱的茄果类

第五章 让这些蔬菜点缀你的菜园

第六章 土里那些不起眼的根类菜

第七章 只有想不到，没有不能种的

第一章

种菜，你准备好了吗

一、种菜前的准备

在家种菜作为一种休闲活动，需要进行一定的准备工作，但不用花费太多的时间。

首先是心理准备，明确是否准备把种菜当作一个业余爱好，并较为长久地坚持下去。如果答案是肯定的，那么接下来就要做一些必要的物资准备，简称"七个一"。

■一块合理的场地：场地可以是一个院子、一片天台、一个阳台或阳台的一部分，也可以是一个窗台甚至一个飘窗。总之，把家里空闲的地方收拾出来。要注意的是，场地以南向的为佳，东西向的次之，北向的不适合种植，毕竟，万物生长靠太阳。

■一批合适的容器：庭院可以直接种在土地里，天台可以用砖头砌菜池，阳台和窗台就要使用大小合适的容器来种植。容器的选择不拘一格，只要比较结实、底部能够留有排水孔的容器都可以。除了各种型号的花盆外，家里的泡沫箱、塑料盆、铁桶等，都可以当作

种植容器。一些装过水果的塑料篮、竹筐等，在里面套一个结实的塑料袋，底部扎几个洞，也可以用来种菜。总之，种菜的容器只有你想不到的，没有不能用的。

　　■一堆肥沃的土壤：土壤这个问题，相信困扰了很多种植者。首先土壤的来源就令人无所适从，还有人花钱从网上买土种菜。这里悄悄告诉大家：土壤能从城郊的菜园里挖取是最好的，这种经过了人工种植改良的土，俗称"熟土"或"园土"，是最适宜蔬菜生长的；其次是野外的土壤或者工程施工时从地下挖出来的土，这种土俗称"生土"，一般要经过必要的改良，才能用来种菜。无论熟土还是生土，都要从远离化工厂和被污染的水源处采集。

　　判断土壤好坏的标准是疏松和肥沃。疏松是指土壤既不能硬邦邦像一块砖头，也不能黏糊糊像一堆烂泥，而是松软、颗粒较细、碎石头等杂质较少的。肥沃的

土壤一般呈黑色或黑褐色，黄色或红色的土壤多是由于土壤中某种微量元素含量较多而引起，一般是生土。一些菜园的熟土，如果被农民过度使用农药、化肥而变得板结、贫瘠的，最好不要选用。

关于土壤的改良，莫衷一是。下面为大家推荐一个简单的土壤改良配制方法，这个方法适用于大多数蔬菜的种植。大家也可以根据实际情况进行微调。

播种土壤 = 腐殖土 2 份 + 园土 1 份 + 厩肥土少量 + 素沙少量

种植土壤 = 腐殖土 1 份 + 园土 1 份 + 草木灰 0.5 份 + 厩肥土 0.5 份

腐殖土是在山上树木繁茂、泥土肥厚的地方，拨开表面的落叶后，底下一层黑色纤维状的土。园土是已经过人工改良的土壤。草木灰主要是稻谷壳、稻草或杂草烧的灰，以未完全烧净的黑色的为佳，灰色的肥力较低。厩肥土是猪粪、鸡粪等与泥土杂草等经过堆积发酵腐熟而成的。素沙用一般河沙，洗净即可使用，粉末状的江沙不适用。

■一批有机的肥料："蔬菜一枝花，全靠肥当家。"肥料的作用不言自明。但大家对于肥料的印象还停留在又脏又臭的阶段，有些朋友甚至为了图省事，直接使用化肥。这里要提醒大家的是：能够用有机肥的，一定不要使用化肥。一是化肥种出的菜口感不好，二是长期使用化肥会让土壤的肥力越来越差。

常见的天然有机肥料有畜粪、禽粪、鱼内脏、骨渣、豆渣、落叶、干草、锯木屑、棉籽、糠秕、果壳、庄稼残梗、海藻、各种绿肥、碱性熔渣、泥炭灰以及各种天然矿石粉。这些丰富的有机肥足以提供蔬菜所必须的一切元素。

我们平常用得较多的，就是禽粪、

饼肥（豆饼渣、菜饼渣、芝麻饼渣等）和草木灰。禽类多为鸡粪和鸽子粪，尤以鸽子粪为佳，埋入土中作为基肥，蔬菜长得又高又大，可省去很多追肥的工夫。农资商店和网上商店都有经过干燥处理的禽粪和饼肥出售，且洁净无异味。

▲ 施肥

平日里的生活厨余垃圾，比如烂菜叶、水果皮、豆浆渣、鸡蛋壳、鱼内脏等，都可以用一个大桶收集起来，加入一层就盖一层细土，直到大桶填满。放置 3 个月后，这些就成为上好的肥料。这样制作既可以减少垃圾排放，为环保作贡献，也为家里的小菜园提供了优质的有机肥。这种自制的厨余肥简单易行，但要注意带有油、盐的剩菜不要往里倒；大桶装满最好放到室外，因为腐熟发酵的肥料有招惹蚊虫的可能；盖子不要盖得太严，以免发酵膨胀将容器胀破。

■一个合适的水源：都市种菜的水源多半都是自来水，洁净无污染，无需多言。这里有一个环保小贴士：洗米、洗菜水都可以收集起来浇菜，还有雨水，也可以收集利用。洗衣服和洗碗的水，由于含有化学制剂和油类，不适宜浇菜。

■一批优质的种子：种子是生命的奇迹，你无法想象一粒沙粒大小的种子，可以长成一米多高的植株。还有种子的颜色形状也是千奇百怪，每一种都各不相同。

面对成千上万的种子，你需要先考虑 3 个问题。第一是想种哪些蔬菜？这可以根据你的个人喜好和种植条件来决定，但是尽量将叶类菜、瓜果类和根类蔬菜种子都列入种植清单，以保证小菜园品种的多样性，但一般初学者第一年所种植的品种不要超过 30 个。

第二是一个蔬菜种类中你喜欢哪些品种？比如苦瓜有白苦瓜和绿苦瓜之分，

番茄有大红和粉红之分，扁豆有白扁豆和红扁豆之分，要从中选择自己和家人喜爱的、想种植的品种。一开始建议从最常见、最普通的本地品种开始种植，俗称"大路货"，等积累了种植经验之后，再尝试一些新、奇、特的品种。

第三是种子应该准备多少合适？这和蔬菜的种类有关系。叶类菜可以稍微多撒一点，因为从小苗到成株，都是可以采摘食用的。瓜果类一般按照 1∶3 来准备就可以了，即如果打算种 3 棵苦瓜，那么准备 9 粒种子就够了，通过两轮的去弱留强，最后留下 3 棵开花结果。

种子的有效期一般是 2~3 年，一次不要购买太多，以免过期。初学者可以购买分装或散称的种子，不要买一大袋的。

越是新奇少见的品种，发芽率越低，因此需要谨慎购买。选择正规种子厂家生产的种子，并注意阅读包装背面的种植说明。

■一套好用的工具：种菜伊始，至少需要配备一把锄头、一把铲子、一个耙子、一个喷水壶、一把剪刀、一顶帽子、一副袖套。

后续根据需要，还要准备竹竿、绳子、薄膜等。

二、都市农夫种菜必修技能

1. 弄懂这十个种植名词，事半功倍

■浸种催芽：在播种之前，将种子用水浸泡过后并放在合适温度的环境下，让其长出白芽（又称"露白"）后再播种，能提高种子的发芽率，缩短出苗的时间。

■间苗：将幼苗中的弱苗、病苗和过密的苗拔除，为不断长大的健壮苗留出生长空间。这是一个去弱留强的过程，间下的苗也可以食用，如果将间苗和采收相结合，就叫间拔采收。

■追肥：我们在配制种植土壤的时候，一般都会加入有机肥作为基肥，又称底肥。但在蔬菜的生长过程中，还需要根据情况追加一些肥料，这就是追肥。

■见干见湿：这是给植物浇水的一个重要原则，花卉和蔬菜均适用。即土壤干了再浇水，浇时浇透，让植物根系在充分吸水和自由呼吸两种状态下自由切换，这样才能长得好。

■培土：有些蔬菜（番茄、辣椒等）种子很小，播种时埋入土中较浅，植株长大后，根部就会出现裸露的现象，此时要在根部堆一些土，将根部盖住，并起到稳固植株的作用。

▲浸种催芽

▲间苗

▲追肥

▲人工授粉

▲摘心

▲抹芽

▲搭架

■**人工授粉**：在昆虫媒介（蜜蜂、蝴蝶）少见和通风不良（室内、封闭阳台）的小菜园，果实类蔬菜多需要通过人工将雄花（雄蕊）的花粉抹在雌花（雌蕊）的柱头上，才能保证授粉成功并结果。这是刚开始学习生物课的小朋友们最喜欢做的实验。

■**摘心**：又称打顶，当蔬菜的主枝长到一定高度时，就要把它掐掉，促使侧枝萌发，从而能够多开花多结果，提高产量。同时，摘心也能够控制植株的高度，方便采摘。

■**抹芽**：除了主枝和保留的侧枝外，多余的侧枝和小芽都要抹去，以节约养分供给。

■**搭架**：搭架就是利用木棍、竹竿等将蔬菜支撑起来，让它们不至于倒伏在地或趴在地上，既有利于通风、采光，也能有效节约地面空间。对于辣椒、茄子等，一根直立的支架就可

▲自留的种子

以了；对于爬藤的豆类（豇豆等），可以搭三脚架，也可搭"人"字架；对于爬藤的瓜类尤其是大型南瓜、冬瓜，需要搭遮雨棚一样的棚架。架子的底部要至少插入土中20厘米深，这样才能比较好地固定。支架搭好后，用软布条先在支柱上紧紧缠绕两圈，再绑在蔬菜的主茎上，防止打滑。

■自留种：挑选出健壮、生长位置好的果实，不采摘，任其变老熟后掏出成熟的种子，洗净风干后放在干燥通风的地方保存，来年种植时就不用购买种子，而且能够完整地保持该品种的特性。

2.弄清这十件事，手脚不乱心不慌

（1）不是所有的种子都需要浸种催芽

一般来说，叶类菜的种子不需要催芽，直接撒在土里就可以发芽。在适宜的季节种植一般也不需要催芽。催芽的目的一是提前种植，提前收获抢季节；二是有效提高种子的发芽率。比如凉薯、苦瓜、丝瓜、冬瓜、番茄、辣椒、茄子等蔬菜种子发芽较慢，有的甚至长达十几天，为了节约时间，就要进行催芽后再播种。

大多数催芽是放在比室温更高的环境下，以20℃以上为宜。但生菜、香菜、菠菜等喜冷凉气候的蔬菜，如果要在早秋

▲香菜

气温比较高的时候播种，需要浸泡种子并将湿润的种子放在冰箱冷藏室（3~8℃）里催芽。

（2）季节不对，种啥都白费

经常有朋友秋天去播种番茄、茄子、冬瓜等，刚刚开花就碰上霜降，给冻死了。这其实就是没有弄对蔬菜的播种季节。蔬菜的品种有很多，到底应该在什么季节播种什么蔬菜呢？

这里告诉大家几条放之全国而皆准的规律：春季和秋季是最适合播种的季节。因为这两个季节温度适中，雨量合适，是最适合蔬菜发芽生长的季节。当然，全国各地的入春和入秋的时间也有早有晚，一般春季是2~4月，秋季是8~10月。

▲苦瓜

▲播种

在各个品种的播种计划中，有一个万变不离其宗的原则，那就是几乎所有的瓜果类蔬菜都适合春播，而大多数叶类菜则是秋季播种。这是因为果实类蔬菜生长期较长，果实的成熟需要充足的阳光和温暖的气候，夏天正是它们丰收的时候。秋播果实类蔬菜也能正常发芽生长，但是随着气温慢慢下降，还没来得及结果或果实还没成熟就枯死了。有句俗语叫"霜打的茄子——蔫了"也正说明这类蔬菜不耐冻的特性。

有些生长期比较短的果实类蔬菜，也可以春秋两季播种，比如豇豆、四季豆、黄瓜等秋播，可以赶在寒冬到来前收获一批果实。南方有些温暖的地区或者在温棚里，也能实现蔬菜的反季节种植和多批种植。

而大部分叶类蔬菜喜欢较为冷凉的气候，所以秋季播种后天气日渐凉爽才是它们快速生长的好时候。当然，也有一些叶类菜喜欢温暖的气候，比如苋菜、空心菜、薯叶、木耳菜等，这些是适宜春天播种的蔬菜。有些对温度要求不那么严格，或者生长较快的蔬菜，可以实现两季种植，例如小白菜、油麦菜、生菜、香菜、青蒜等。在华南地区，生菜还能实现四季种植。

（3）撒播、条播、点播、穴播有啥不同

撒播适用于种子细小的品种，是最常用的一种播种方法，即直接将种子往土里撒，为了撒得均匀，一般会混合3倍的细沙或细土。撒播前先将土壤浇透水，撒完种子后一般不需要盖土或盖一层薄土，把土压实即可。撒播的种子在出苗后要及时间苗。大多数叶菜品种尤其是小白菜、油麦菜、塌菜、生菜、苋菜等密集种植的速成菜都采用这一方法播种。

条播就是用棍子在土面上划出一条条浅浅的播种沟，将种子均匀地撒在浅沟

▲撒播

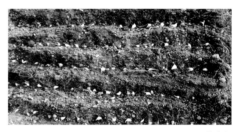

▲条播

▲点播

▲穴播

里。一般每 3 厘米左右撒 2~5 粒种子比较好，然后盖上 0.5 厘米深的薄土，并将土压实，播后用喷水壶轻轻洒水。为了确保出苗率应加强水肥管理。香菜、空心菜、茼蒿、芹菜、大蒜、小葱、韭菜等多采用条播法。条播的蔬菜出苗后要及时间苗和补苗，长出真叶后可以在空隙处施薄肥。

点播多用于豆类蔬菜，如花生、黄豆、胡萝卜、白萝卜等根系发达的蔬菜。具体方法是用铲子或者小锄头在土里挖出浅浅的播种坑，在每个坑里撒上 1~3 粒种子，注意要让种子互相隔开一些，播后撒上 1~2 厘米厚的细土覆盖种子，然后将土耙平。最后用喷水壶轻轻洒水。点播的蔬菜发芽后，要及时补种和间苗，最终每穴只留 1~2 棵苗。

如果是栽种花菜、大白菜、瓜类等吃肥多的大型蔬菜时，就要用穴播法。穴播的方法和点播类似，只是要先挖深 5 厘米、直径 10 厘米的播种穴，将基肥倒入穴中，用土将播种穴填平后再播种。

（4）自制有机肥必须充分腐熟才能使用

前面说到自制的厨余肥，必须经过沤制、发酵、腐熟的过程，形成可被植物吸收利用的肥分才可以使用。如果未经发酵就将内脏、果皮等物直接埋入土内，遇水会发酵产生高温和有害气体，伤害蔬菜根系，加上微生物的分解活动，造成土壤缺氧，从而造成蔬菜死亡。同时，未腐熟的肥料在发酵时会产生臭味，招来蝇类产卵，蛆虫也会咬伤根系，为害蔬菜生长，臭味还会污染环境。所以种菜一定要注意施用充分腐熟的肥料，才能保证蔬菜生长良好。如何判断肥料是否充分腐熟呢？一是肥料沤制成了黑色，二是容器内没有气体造成膨胀。

（5）夏天的中午和冬天的早晚，不要给蔬菜浇水

夏季的中午光照强、温度高，有些朋友看见蔬菜有些打蔫，就忍不住浇水，殊不知此时给蔬菜浇水，高温高湿很容易造成蔬菜伤根，甚至死亡。正确的做法是在清晨或黄昏大

量浇淋，这样才能帮助蔬菜散热和补充水分。

　　冬季早晚气温低，早晚浇水很容易凝结成霜或冰，导致蔬菜的叶片冻伤。冬季本来就不必浇水太多，而且最好在中午前后太阳正高、气温回升时再浇。

　　（6）需要人工授粉的花

　　蔬菜的花朵有雌雄蕊同花的，如番茄、辣椒、茄子等，这类蔬菜的花是两性花，一朵花上既有雌蕊又有雄蕊，中间是雌蕊，旁边一圈就是雄蕊。它们属自花授粉植物，但在大棚或阳台上种植，由于通风较差，昆虫较少，不利于传粉授粉，容易造成授粉不良，所以需要人工用小棉签或毛刷在花蕊上涂擦几下。

　　也有雌雄异花的蔬菜，如丝瓜、南瓜、冬瓜、葫芦、西瓜、瓠子、西葫芦、苦瓜、黄瓜，在同一植株上分别长着雄花和雌花，雌花在花的根部有一个小鼓起，雄花则没有。这类花又称虫媒花，雄花里的花粉必须通过昆虫的媒介作用，才能到达雌花的柱头上，使雌花受精结瓜。家庭种植虫源稀少，必须人工授粉，才能结出又好又大的瓜。方法是将健壮的雄花摘下，去除花瓣，用花蕊去轻轻摩擦雌花的柱头 2~3 下即可，一朵雄花可以为多朵雌花授粉。这些瓜类的花一般都是早上开放，因此晴天的清晨授粉最佳。

▲雌雄同花

▲雌雄异花

　　还有极少量的蔬菜是雌雄异株的，例如菠菜，虽然不影响收获蔬菜，但种植没有达到一定规模的话，很难自留种子。

　　（7）一块土地不能连续两年种植同一类蔬菜

　　经过调配和改良的土壤，一般含有各种植物所需要的营养元素。但是经过一年的种植后，某些特定的元素被蔬菜吸收比较多，如果再接着种植同类型的蔬菜，土壤的肥力就会大打折扣，种出来的蔬菜长势不会太好，而且也更容易感染病虫害。所以同一块土地就要轮换着种植不同的蔬菜，最少间隔2~3年，有条件的话，间隔时间越长越好。

何谓同类型的蔬菜呢？我们将蔬菜大致分为叶菜类（以收获茎叶为主的蔬菜，包括甘蓝类蔬菜）、茄果类（番茄、辣椒、茄子、秋葵等）、瓜类（黄瓜、苦瓜、丝瓜、南瓜等）、根菜类（萝卜、土豆、红薯等）及豆类（豇豆、四季豆、豌豆、黄豆等）。如果今年种植过番茄的土壤，至少3年内不要再种植番茄、辣椒、茄子、秋葵等茄果类蔬菜。如果是用容器来栽种，则每年种植过后，要将土壤倒出打散，重新配置后再进行种植。

（8）将不同蔬菜混种，能有效节约空间和时间

家庭小菜园不追求产量，蔬菜品种的多样性和营养均衡性才是我们更加关注的。

怎样才能在有限空间里种更多的菜呢？这里涉及一个套种的问题，即利用蔬菜的不同习性或株型特点，在同一块土地里种上两种或多种蔬菜。

这里为大家推荐几种我常用的套种搭配。

■搭配1：生长期长的蔬菜（生长期3个月以上：大白菜、包菜、芥蓝、红菜薹）+生长期短的蔬菜（生长期在1~2个月：小白菜、生菜、苋菜、油麦菜、空心菜、香菜）。

例如，将包菜和小白菜套种，这样包菜苗比较小时，小白菜可以很好地生长，等到包菜长大时，小白菜已经采摘完毕，互不影响。

■搭配2：爬藤蔬菜（黄瓜、苦瓜、丝瓜等）+生长期短的蔬菜，比如在黄瓜地中间撒上一些苋菜种子，黄瓜藤往上爬，苋菜在地上长，各取所需。在黄瓜开花结果前，将苋菜收获即可。

■搭配3：易遭虫害的叶菜+有特殊味道的菜。在夏季和早秋，叶类菜最容易受到虫害的侵袭，在田地里种植几棵青蒜或者香菜、小葱、番茄等有气味的蔬菜，可以减少病虫害的发生，并且让双方都长得更好，它们是彼此的"好伙伴"。

以上3个搭配方可以自由搭配，但有些蔬菜界的"坏伙伴"，还是要让它们尽量远离对方才好。例如，黄瓜和西红柿不能一同栽培，因为它们的分泌物及其气味会抑制对方的生长发育，还容易互相传染蚜虫；苦瓜不能和丝瓜、瓠子种在一起，否则丝瓜、瓠子会发苦；芥菜不要和包菜种在一起，否则两种蔬菜都长不好。

（9）分批种植的诀窍

前面说到，大部分蔬菜一年只能种植一季或者两季，但是对于特别心仪的蔬菜，尤其是叶类菜，一季只种植一批根本满足不了家庭食用的需求。所以，我们可以在一个种植季内，通过分批种植和多茬采收来提高产量。

分批播种的方法，又叫"梯队法"。即在播种的时候采用条播，每条之间的间距可以稍大些。条播的好处在于整齐划一，通风良好，而且便于管理。在头一批蔬菜可以间拔采收的同时，在行间再次播种。第一批蔬菜全部采收完毕后，再在原地播种第三批。3次播种的菜可以是同一品种，也可以是不同品种，根据个人喜好而定。

提到分批采摘，就不能不说到合理密植，比如生菜正常种植行株距为16厘米×8厘米，可以种成行株距8厘米×4厘米，在蔬菜的生长期间可以分3次间拔采收，第一次在每行中间隔1棵采收1棵，第二次采收间隔1行采收1行，第三次全部采收。

（10）蔬菜病虫害不多，自己就能治

家庭小菜园中的病虫害比大田要少很多，如果遇到病虫害，自己就可以充当蔬菜医生，对症下"药"。要记住一点，任何时候，家庭小菜园都是拒绝使用农药的。

白粉病、叶斑病、煤污病、腐烂病、黑褐病都是常见的病害。一旦叶面或果实出现干枯、发黄、卷曲、白霜或腐烂现象，就说明感染了病害。染病严重的植株最好直接拔除，以免传染给健康的蔬菜。同时，喷洒一些自制的药液，能起到一定的治疗效果。

▲病害

■**米醋液**：米醋中含有丰富的有机酸，对病菌有较好的抑制作用。用稀释200倍的米醋溶液喷洒于叶面，每隔7天左右喷1次，连喷3~4次，可防治白粉病、黑斑病、霜霉病等。

■**生姜液**：取生姜捣成泥状，加水20倍浸泡12小时，用滤液喷洒可防治叶斑病、煤污病、腐烂病、黑褐病等。

蔬菜常见虫害有青虫、菜螟、地老虎、蜗牛、蚜虫等。一般这些虫数量不会很多，因此最好的方法是人工捕捉，

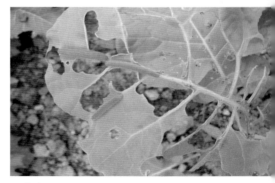

▲虫害

或者自制一些环保的驱虫剂来达到杀虫、驱虫的效果。

■蒜头液：将500克大蒜头捣烂成泥状，加10千克水搅拌，取其滤液喷雾，防治蚜虫、红蜘蛛、甲壳虫等效果很好。把大蒜捣碎撒于盆土中，还可杀死蚂蚁和线虫。

■辣椒液：新鲜红辣椒500克，加水5千克，把辣椒捣烂加热煮1小时后，取其滤液喷洒，可防治菜青虫、蚜虫、红蜘蛛、菜螟等害虫。

■啤酒：在蔬菜旁边放一碗啤酒，可以诱使蜗牛和鼻涕虫跌入淹死。

> **小贴士**
>
> 盆栽蔬菜在驱虫的时候，最好要在室外或阳台进行，以免虫子在屋内乱爬乱飞。

3. 掌握十大种植技巧，菜鸟变高手

（1）催芽这件小事

首先将种子浸泡在清水里并轻轻搅动，水温以30~45℃为佳。当所有种子都吸透了水分沉在容器底部时，将水倒掉（不同种子充分吸水的时间长短不一，一般为4~12小时）。将种子包在湿润的纱布里或湿纸巾里，然后放在温暖的地方或冰箱冷藏室（依据不同品种和季节），注意每天查看并喷水，保持纱布湿润但不积水。如大部分种子已经露白，说明催芽成功，就可以播种了。

▲催芽

（2）育苗一点也不难

茄果类和瓜类蔬菜生长期较长，需要在早春提前育苗，才能赶在高温来临前开花结果。大白菜、包菜、菜薹等生长期较长的叶菜，也可以先集中育苗，长大后再移栽，方便管理和节约空间。

■**育苗用土**：一般为播种用土。

■**育苗容器**：泡沫箱、花盆、菜盆、木箱、一次性塑料杯或碗皆可。

■**育苗方法**：采用点播的方法将种子播下，浇一次透水，然后放在背风、向阳的地方养护，居家宜放置在避风的南窗台或南阳台，保证每天至少要有 5 个小时的日照。如果天气比较寒冷，还可以选取合适的塑料薄膜罩在育苗容器上保温。发芽前，注意保持土壤湿润。

幼苗的根系浅，发芽后每天上午喷 1 次小水，保持表土湿润。晴天的中午可以稍微放在室外晒太阳并将薄膜开一条缝透气，然后逐渐加大缝隙和透气时间，直至气温完全稳定后，选择连续几天的晴好天气，再完全揭去薄膜。

（3）四步轻松定植

■**挖**：在定植土壤里挖好定植坑，坑的大小和深度要看菜苗的大小和根系的发达程度，尽量让菜苗的根系能够自然伸展开。

■**铲**：喷点水让育苗碗里的土壤湿润，用筷子等工具将菜苗根部的土壤松动

▲育苗

▲准备定植的菜苗

▲摘心

一下，然后一手握住菜苗下部的茎，一手用铲子将幼苗连根铲起，注意不要伤害幼苗的根系，尽量多带土球，这样移栽后的成活率高。

■埋：将菜苗放进定植穴中央，一手将菜苗轻轻提起，不要让根挤作一团，而要自然地伸展开，另一只手加土至盖住菜苗的根上2厘米左右，并将土压实。

■浇：刚定植的菜苗必须浇一次透水，最好选在连续的阴雨天之前定植，若定植后碰上连晴，则要进行适当遮阴，并保证每天浇水。刚定植的菜苗叶子有些打蔫是很正常的，当叶子变得硬挺重新恢复生机，就可以晒太阳和追肥，并转入正常管理。

（4）三个动作让蔬菜长得更好

■摘心：大部分瓜类蔬菜，如黄瓜、甜瓜、西瓜、苦瓜、南瓜、冬瓜、丝瓜等，在蔓长1.5~2米时，就要采取摘心措施。摘心的同时，还可以摘去中上部的分枝与赘芽，使养分集中输送给幼瓜，促进成熟。

少量瓜类蔬菜的摘心时间还要提前，有的还要多次摘心，比如香瓜是孙蔓结瓜，有10片叶片时第一次摘心，等长出子蔓时留3根藤蔓，子蔓长到30厘米时第二次摘心，随后长出的孙蔓很快就会结瓜。还有瓠子和葫芦在长到七八片叶时就要摘心，摘心后长出的子蔓很快就会结瓜。四季豆、豇豆、扁豆、刀豆等豆类蔬菜最多长到2米时也要摘心。否则藤蔓会到处飘荡和纠缠，摘心后有利果实成熟，还能保证产量。结瓜后，第一瓜以下的侧蔓要尽早除去，以促进主蔓生长。上面的侧枝见瓜后，在瓜上留两片叶子再次摘心，能很好地提高产量。

番茄幼苗长到四五片叶时摘心 1 次，分支后保留 2~3 根强壮的主枝，并抹去所有叶腋内长出的侧芽，主枝 60 厘米时也要摘心。茄子和辣椒在大田种植可以不用摘心或在 30~40 厘米时对主枝摘心。如果是家庭盆栽，则需要在苗高 8~10 厘米时摘心，并根据需要抹芽。

■**疏叶、疏果**：瓜类和茄果类蔬菜都要及时摘去下部的老叶和黄叶，因为它们不但会争营养、扯水分，还不利于通风透光。及时摘除，可以保证营养和水分供应到最需要的地方，这称为疏叶。疏叶要将植株下部的过密叶、枯叶、病叶剪掉，多雨地区与多雨季节应多疏叶，土壤肥沃或施肥量大的应多疏叶。

当茄果类蔬菜果实太多，营养跟不上时，则需要摘除一些发育不良和多余的果实，这称为疏果。

■**剪枝**：一些长势强健、结果期较长的蔬菜，例如茄子和辣椒，需要在第一茬果实已采摘完的休息阶段进行一次剪枝，之后萌发的新枝条会重新开花结果，增加本季产量。

▲疏叶

具体方法是用锋利的剪刀，将几个主枝保留 20~40 厘米长，以上的部分和小侧枝全部剪掉。不要用手直接掰折，以免造成植株损伤。剪枝时，顺手剪去病虫枝、下垂枝、折断枝。剪枝过后施以充足的肥水，1 个月后植株即可重新开花结果。

（5）小菜园之春生

早春是比较繁忙的季节，将冬天硬实的土壤打散，将积攒了一年的肥料都拿出来"重见天

▲剪枝

日"，把瓶瓶罐罐里的东西都翻出来晒晒太阳，然后活动活动筋骨，我们就要开始播种了。

早春的气温很不稳定，关注每天的天气预报是必做的功课。育苗时尽量等到日均气温稳定在15℃以上，再将菜苗放到室外。如遇突降寒潮，一定要做好防寒保暖措施。

随着气温的稳步升高，清明前后，菜苗可以进行定植，在庭院和天台里栽种的就可以直接播种了。

（6）小菜园之夏长

初夏的菜园是一片生机勃勃的景象，春播的蔬菜都进入了旺盛的生长期，瓜果类蔬菜陆续进入开花结果期，需要追施以磷、钾肥为主的肥料。随着气温的升高，水分蒸发越来越快，浇水量和浇水频率也要逐步增加。

盛夏最重要的就是要防止高温高湿对蔬菜的伤害。当气温超过35℃时，需要用黑色遮阳网对蔬菜进行适度的遮阴，并及时补充水分。如果是在阳台用容器种植，则需要将容器搬到阴凉通风的地方。夏季人们往往会加大浇水量，结果土壤湿度过大，透气性差，导致蔬菜烂根。因此提醒大家，无论什么季节，浇水一定要注意见干见湿，切忌大水漫灌。夏季浇水时间应选在早晨和傍晚，避免中午11点至下午4点浇水。盛夏一般不施肥或随水施淡肥。

夏季蔬菜的病虫害较其他季节多，需要提前做好心理准备。如果发生病虫害，则一定要将受害植株及时清理出菜园，并用生物方法进行防治。

（7）小菜园之秋收

立秋后，天气渐渐变凉，昼夜温差增大，有利于蔬菜的播种和生长。秋播的蔬菜一般为喜凉型和耐寒型，多采用直播，少量蔬菜如果在立秋后马上播种，就要先浸种再放入冰箱冷藏催芽后再播，如香菜、大蒜、菠菜、茼蒿、莴苣、生菜、芹菜等。如果日均气温降到25℃以下，则可以不用催芽。萝卜、胡萝卜等也在秋天播种。

初秋太阳很烈时，依然要对蔬菜进行遮阳并注意补充水分。待天气凉爽以后，可以随水多施几次肥，让蔬菜长得更快。

大部分瓜果类蔬菜在秋天进入结果末期，除了留种株以外，其他的采摘完果实就可以将植株拔掉了，空出来的土地可以种植耐寒的豌豆、蚕豆等，等到第二年春天，就可以收获又香又软的豆子。

入冬之前，可以施一次重肥，作为养分储备。

（8）小菜园之冬藏

霜降过后，大部分地区的瓜果类蔬菜都会枯死，这就轮到耐寒性的绿叶菜、甘蓝类蔬菜和萝卜等根类蔬菜唱"主角"了。

经霜后的蔬菜味道更加甜美，小白菜、塌菜、菠菜、花菜、包菜、大白菜、菜薹等都可以从冬天一直收获到第二年春天。萝卜和胡萝卜则要在土壤冻住以前全部收获，储藏在家中。

冬天的害虫很少，但小鸟却不让人省心，经常来偷吃蔬菜，必要时可用纱网将蔬菜保护起来，或者挂颜色鲜艳的布条等物来驱赶小鸟。

★种植随笔：农夫的一年

农夫的一年，就是蔬菜生死荣枯的轮回。同其他植物一样，蔬菜也有枯荣，大部分的蔬菜都是一年生的，走过一个四季轮回，就圆满完成了任务；部分蔬菜可以越冬生存，称为两年生或多年生植物。

农夫的一年，既不是从元旦开始，也不是从传统春节算起，而是从这一年从事种植活动的那天开始。这个时间大致等于立春，也就是每年2月4日左右。

立春是个神奇的节气，春是温暖，鸟语花香；春是生长，耕耘播种。蛰伏了一冬的农夫开始蠢蠢欲动，满脑子想的都是如何把菜园子给种满：番茄孩子爱吃，今年要多种点；去年豇豆种得太多了，今年要少种几棵；朋友刚送了点新奇的种子，一定要种下去好好实验一番；种子贮存的品种太少，得购买一部分；去年那块地势低洼的地种过了空心菜，今年用来种芋头刚刚好……总之，农夫的内心已经被种植填满，再也塞不下其他的任何事情。

可惜2月是全年最短，却也是最"诡计多端"的一个月份。它总是前一刻艳阳高照，下一刻就狂风暴雨；今日温暖如春，次日天寒地冻，让人心神不宁。尽管天气如此恶劣，农夫还是在忐忑的心情下完成了催芽、育苗等前期工作并一直延续到3月。

清明节是最讨人喜欢的种植节气，风调雨顺，万物生长。农夫在清明前后进入了一年中最为繁忙的阶段，提前育苗的该定植了，直播的也该撒种子了。这个时候，要把全部菜地都种得满满当当才行。定植和播种后的管理工作，也足够忙乎一阵子了。

5月，豆类开始爬藤，为它们整枝立架是个不小的工程。瓜果类蔬菜陆续开花，授粉也是重要的工作。至于浇水、施肥、除草、捉虫，更是常年不辍的"例行公事"。

6~8月天气渐热，去菜园要更勤一些才行。浇水逐渐成为了繁重的体力活。但是瓜果儿一天一个样，惹人怜爱，也能消除这些辛劳。瓜果们陆续进入盛收期，几乎每次到小菜园劳动，都不会空手而归，不是几根黄瓜，就是一把豆角。第一茬果实的采收很有讲究，有些要留种的，必须是基部的头几个瓜果，不留种的，则要尽早采摘，以免挤占后来者的养分。进入盛收期的蔬菜，一天能采一堆，这可怎么办？农夫会把这些无农药、无化肥、无激素的"三无"蔬菜当作最好的礼物送给亲朋好友们分享。

立秋代表秋季开始，暑去凉来，一般在每年的8月7日左右，春季种植的那茬蔬菜已经进入了"暮年"，开始走下坡路，而一些喜凉、耐寒的叶类菜和萝卜则走进菜园，成为新的主角。南方的温暖地区，可以赶在冬天来临前再种一茬秋黄瓜、秋豇豆和四季豆等。农夫又开始忙碌起来，忙着规划、整地、拔除没用的蔬菜，种上新的品种。不要埋怨农夫喜新厌旧，他们只是更明白：新老更替，循环往复，川流不息才是亘古不变的真理。因此，农夫不纠结，不执着，而是顺应自然，到什么时候就干什么事。但是，他们也会通过自己的方式来留住美好，种下期待——采收并保存蔬菜的种子。

从深秋时节到隆冬，自从入冬前为蔬菜施了最后一次肥后，喧闹的菜园仿佛突然安静了下来，虫子没了，病害少了，农夫也闲了。但是别忘了，土地里并不是空空如也，一些越冬的耐寒蔬菜正在铆足了劲长呀长，经过霜降和瑞雪的洗礼后，带给农夫不一样的惊喜。此时似乎更适合为整个菜园做一个全年总结。农夫会翻看全年的种植记录，整理收获的种子，还会一遍遍回味菜园里拍摄的照片。尽管菜园还在，种植每年继续，但某些时候菜园里的盛况，却是不可复制的。今年的精彩，只属于今年的菜园，明年的精彩，那将又是一个全新的故事了……

（9）会种菜的是徒弟，会收菜的是师傅

■**采收方法**：不同类型的蔬菜，采收方法也不同。速生叶类蔬菜一般都是连根拔起，直接采收。少量萌发能力强的蔬菜可以留根采叶，如生菜可掰取外围的叶片食用，空心菜、木耳菜等可多次掐取嫩梢，韭菜、青蒜可多次收割等。

瓜果类蔬菜多用手采摘或用剪刀剪下，采摘时不要弄伤茎叶和其他花果。果柄可稍微留长一些，这样便于保鲜。

■**采收时间**：收获也有很多学问，比如收获时间，傍晚时分摘的菜营养价值要比早晨摘的高，晴天采的菜比阴雨天的好。生菜、莴苣等含水量高的蔬菜，早晨采摘的最鲜嫩。如果小菜园就在家门口或者家里，建议随用随摘，从菜园到餐桌的时间越短，口感越鲜嫩，营养价值越高。

■**适时采收**：不同蔬菜也有自身最适宜采收的时期，若提前采收，菜的产量太低；推迟采收，菜会变得又老又硬。

■**叶类、薹类蔬菜**：菠菜、生菜、苋菜之类的速生菜，要趁嫩采收。包菜、大白菜在菜心变得结实，但还没有裂开之前采收。红菜薹、白菜薹、芥蓝、菜心之类的茎类菜要在花没有盛开时采摘，才会又嫩又鲜。

■**豆类蔬菜**：豇豆、四季豆、扁豆等，要在豆荚已经完全长大，但里面的豆子还嫩小的时候采收。如果豆荚已经鼓起，不妨等表皮颜色变深后剥取豆粒食用。

■**瓜类蔬菜**：黄瓜、葫芦、丝瓜之类的夏瓜，要水嫩的时候采收；南瓜、冬瓜要等瓜老一些采收，味道才好。

■**茄果类蔬菜**：当茄子皮上出现一层紫色光泽时就可采收。青椒要变得硬挺，但还没有完全长大时采收。红辣椒要等果实完全变红之后采收。番茄要等整个果实大部分变红后采收。

■**根类蔬菜**：土豆开花后就可以陆续采挖。胡萝卜和萝卜要在根完全长大之前开挖，长得太久容易糠心。甘薯、凉薯、芋头的收获最晚不迟于霜降。

（10）巧用标签和表格

好记性不如烂笔头，巧用一些标签和表格，可以帮助记忆种植要点并记录种植过程，这可是不可多得的第一手资料啊！

表1　四季播种表

春季（2~4月） 小白菜、生菜、香菜、茼蒿、韭菜、油麦菜、蒜苗、西洋菜、土人参、番茄、茄子、韭菜、辣椒、冬瓜、南瓜、苦瓜、丝瓜、黄瓜、豇豆、四季豆、芸豆、莲藕、葫芦、瓠子、芋头、苋菜、空心菜、紫苏、芝麻、花生、黄豆、绿豆、红豆、刀豆、香瓜、西瓜、蛇瓜等。	夏季（5~7月） 空心菜、苋菜、莲藕、甘薯、苦瓜、丝瓜、豇豆、四季豆、小白菜、芥菜、萝卜、落葵等。
秋季（8~10月） 丝瓜、黄瓜、番茄、茄子、豇豆、四季豆、苋菜、香葱、大蒜、大葱、洋葱、韭菜、萝卜、胡萝卜、芥菜、荠菜、小白菜、大白菜、塌菜、莴苣、生菜、香菜、茼蒿、菠菜、芹菜、油麦菜、菜心、芥兰、红菜薹、包菜、花菜、西兰花、牛皮菜、冬寒菜、甜菜等。	冬季（11月至翌年1月） 芥菜、菜心、大白菜、小白菜、白菜薹、红菜薹、芥兰、生菜、韭菜、萝卜、胡萝卜、塌菜、菠菜、蚕豆、豌豆等。

注：以上种植季节是以长江中下游地区为例，各地因气候不同种植时间略有变化。

▌表 2   土地轮作表（示例）▌

地块 / 容器	2017 年	2018 年	2019 年
地块 / 容器 1	茄子	……	……
地块 / 容器 2	黄豆	……	……
地块 / 容器 3	苦瓜	……	……
地块 / 容器 4	生菜	……	……
……	……	……	……

▌表 3   种植记录表（示例）▌

日期：
天气：
管理项目：
备注：
心得：

▌表 4   间拔采收示意图▌

　　1、2、3 标明的颜色分别为第一、二、三次采收，第一次是在每行中间间隔 1 株采收 1 株，第二次采收单行，第三次采收双行，逐步采完为止。

┃ 表5　适合家庭菜园种植的蔬菜品种 ┃

一年可种植两季或多季的蔬菜	小白菜、油麦菜、生菜、香菜
长得很快的蔬菜	芽苗菜、菠菜、茼蒿、大白菜苗、青蒜
可以收获很长时间的蔬菜	木耳菜、空心菜、番茄、辣椒、韭菜、豇豆、黄瓜、四季豆
节省空间的蔬菜	胡萝卜、萝卜、小葱、甘薯叶、荆芥
既可食用又可观赏的蔬菜	彩苋菜、豌豆、芋头、黄花菜、土人参

★种植随笔：蔬菜的微幸福

蔬菜是最好吃的水果，黄瓜、番茄、凉薯、红薯、甜玉米、嫩豌豆荚……凡是能生吃的蔬菜，就不要煮熟了来吃。

黄瓜要在采摘的下一刻就送入嘴里，之前用两手握住，往两边一捋，既可以抹掉浮尘，又可以把那些讨厌的小刺去掉。怕扎手的，可用衣服的一角代替双手完成这个动作。黄瓜皮略有一丝涩味，但很快就被汁液饱满的瓜肉给冲淡，吃起来满颊生香，整个人神清气爽。吃过之后，嘴里还能生津几小时。如果要约会，吃根黄瓜会比口香糖有用

得多。

番茄的表皮光滑，随意抹去浮尘即可送入口中。第一口一定要大，最好是咬掉小半个番茄，让红色的汁液顺着嘴角流出来，才最过瘾。番茄有两种，大红的味道更浓郁，汁液也更多；粉红的口感很沙很粉，更适合生吃。有足够耐心的，可以举起整只番茄，小心剥掉外皮再吃，当然，也可以边剥边啃。

凉薯虽然是从沙土里挖出来的，但要论"干净"，没人比得上它。将表面的土粒磕掉，从上部的茎开始，一条条一缕缕地往下撕皮，上部撕完了，还有些残留的皮，从根部再撕一遍，基本上就干净了。对于在田地中劳作许久又渴又热的人来说，没什么比小憩时剥掉一个凉薯送入口中更令人惬意了。

甜玉米一样饱满多汁，而且摘玉米的过程总让人有些兴奋。因为外皮里面的玉米到底长啥样，要剥开才知道。外皮不要扯掉，而要翻过来集成一簇，单手握住大口啃下去，才最有滋味。

所有的青菜中，我只会生吃生菜。炝拌生菜是我的最爱。在春播或秋播结束后不久，生菜差不多长到拳头大小时，我便急不可耐地摘上几棵，慰劳慰劳自己。

弄熟青菜的方法很简单，无外乎两种，一是煮，二是炒。煮就没啥可多说的，煮汤煮面都行。唯一让我念念不忘的，就是水煮苋菜。现在常见的杂交彩苋都容易早熟，稍微晚了两天采摘，吃起来就像草。水煮苋菜，仿佛特地为拯救老苋菜而生，加入瘦肉末、皮蛋末、高汤一起煮，不但鲜，而且嫩。太嫩的苋菜反而不适宜做这道菜，煮过后感觉像要化了一般，吃在嘴里没嚼头。

上海青、红菜薹、大白菜、菠菜等耐寒型的蔬菜，一定要经霜后才软糯甜美，炖粉条、炖豆腐都是令人回味无穷的佳肴。

◀◀ 阅读说明 ▶▶

接下来将按照叶类菜、瓜豆类菜、茄果类菜、调味及香草类菜、根类菜以及其他类菜的顺序，分章节讲解具体蔬菜品种的种植方法。

每个章节中，都将这一类型的蔬菜分为初级、中级和进阶级。初级都是常见的蔬菜品种，不论你有没有种植经验，都可以较轻松地完成种植；中级主要是一些生长期比较长，种植过程较复杂的蔬菜；进阶级则是介绍一些新特蔬菜。有的新特蔬菜由于是与初级、中级完全不同的种类，所以会对品种习性、种植方法进行说明，

有的新特蔬菜只是品种较新，但种植方法与同种类蔬菜的普通品种基本相同，所以只进行了"特色蔬菜图鉴"的图例展示，以方便大家认识和区分。

新特蔬菜很难种吗？其实一点也不难。那为什么要放在进阶级里呢？一是因为这类蔬菜种植不够普遍，品种习性和种植方法较少为人们所知，二是因为部分新特蔬菜口感较独特，喜爱并种植的群体有限。但从今后的发展趋势来讲，新特蔬菜将会逐渐走进大众视野并被人们所接受。讲述这些新特蔬菜的品种习性、种植方法以及大量图例展示，也算是本书比较"超前"的地方吧！

准备好了吗？我们一起来种菜吧！

第二章

先从简单的叶类菜开始

　　叶类菜是一个庞大的蔬菜种类，以植物的茎叶、薹或花为食。叶类菜品种繁多，大致分为速生类、结球类、花类和薹类，一些野菜或具有保健功能的蔬菜，则划归到新特叶类菜中。

▌叶类菜"课程表" ▌

阶段	分类	特点	代表品种
初级	速生叶类菜	生长速度快，播种后 1~2 个月就可以收获，管理简单，充足肥水下生长旺盛	生菜、小白菜、苋菜、空心菜、油麦菜、菠菜、茼蒿、香菜、芹菜、木耳菜等
中级	结球叶类菜	生长期较长，种植难度稍高	大白菜、包菜、紫甘蓝
	花类菜		花菜、西兰花
	薹类菜	生长期较长，采摘期也较长	红菜薹、白菜薹、菜心、芥蓝
进阶级	新特蔬菜	有独特口感或特殊保健功效	紫背天葵、富贵菜、鱼腥草、荠菜、马齿苋、蒲公英

一、初级——速生类叶菜

生菜

◎播种时间：2~3月或8~11月。

◎品种特点：喜冷凉，忌高温。播种后40天左右可分批采收。一般5~7天浇1次水，采收前3~5天停止浇水。施腐熟人畜粪肥，喜保水力强、排水良好的沙壤土。

◎种植贴士：生菜的品种有很多，常见的有结球生菜和不结球生菜，一般来说，凉拌最好种植不结球的生菜，熟食则两样皆可。

生菜种子在冷凉的季节才会发芽，刚立秋时天气还很热，必须要进行冷

藏催芽处理，才能保证发芽；而春天播种，则不用冷藏，只需用水将种子浸泡后放在常温下催芽即可。季节适宜也可不催芽直接播种。

生菜生长很快，只要底肥足够，生长期间可以不用追肥。一茬生菜收获完，只要气温允许，可以接着再播种，再收获，如此反复2~3次，但要注意，必须更换土壤或换地块，并重新埋底肥。收获的生菜应尽早食用，并远离苹果、梨和香蕉，以免诱发赤褐斑点。

小白菜

◎**播种时间**：四季可种，8~11 月最佳。

◎**品种特点**：喜冷凉，又较耐低温和高温，播种 25~30 天后即可收获。喜水怕旱，每天浇水 1~2 次，应小水勤浇，避免大水漫灌和在晴天中午浇水。喜肥沃、排水良好的沙壤土和腐熟有机肥。

◎**种植贴士**：小白菜虽然全年可播种，但在不同季节播种，需采用不同品种。如在冬季、早春气温较低时播种，应选用耐寒、抽薹迟的品种，如四月慢、春水白菜；夏播则要选择耐热、耐风雨的品种，如 D94 小白菜、矮脚黑叶；秋

播则可以选择风味纯正的上海青品种。播种时避免撒得过密，否则浪费种子，也增加间苗工作量，而且幼苗纤弱，不利于生长。

小白菜抽薹后品质下降，就需要全部拔掉另种了。

木耳菜

◎**播种时间**：4 月晚霜过后至 8 月。

◎**品种特点**：喜温暖气候，冬季经霜枯死，播种 40 天后陆续采收。应保持土壤湿润，春季 3~5 天浇 1 次水，夏秋季 2~3 天浇 1 次水，怕积水烂根，大雨后应及时排水防涝。喜肥沃疏松和排水良好的沙壤土和腐熟有机肥。

◎**种植贴士**：木耳菜喜温耐湿，生长适宜温度为 20~25℃，在夏季持续 35℃以上

的高温天气，只要不缺水，仍能正常生长，所以木耳菜是盛夏季节的理想绿叶蔬菜。

木耳菜种皮坚硬，发芽困难，春季播种前必须进行浸种催芽处理；夏秋播种，种子只需浸种，无需催芽。木耳菜底肥以厩肥或禽粪肥为好，追肥以腐熟人畜粪肥兑水施用。

木耳菜好发褐斑病，俗称"金眼病"，主要为害叶片。高温高湿情况下容易发此病，家庭种植多以预防为主，炎热夏季要注意通风透气，种植密度不要太大，留出足够的空隙。

 苋菜

◎播种时间：4~5 月或 7~8 月。

◎品种特点：喜温怕冻，播种后 30~60 天后陆续采收。应控制浇水，只有在高温或干旱时才经常浇水。施腐熟的人畜粪肥。用肥沃疏松的沙壤土或黏壤土种植均可。

◎种植贴士：苋菜喜温暖，因此要在终霜后进行播种，一般从 4 月上旬开始。如果提前播种，则播种后需要覆盖薄膜保温。

俗话说 "晴天的苋菜，雨天的蕹菜"，就是说苋菜的生长喜晴不喜湿，所以苋菜一定不要浇多了水，否则容易烂根，并且口味寡淡无味，影响品质；天旱

时可进行浇水抗旱，夏季高温时要适当遮挡太阳的暴晒，若是套种在爬藤蔬菜之下，则能省去遮阴的工作。

苋菜喜薄肥勤施，如土壤过于贫瘠，苋菜叶则发黄，吃时口感粗糙。

苋菜生长迅速，播种后 30 天即可采收，春播的苋菜可割取嫩尖，一般可收 3~4 次。每采收 1 次就追肥 1 次。秋播的苋菜只能一次性采收。

空心菜

◎**播种时间**：4~10 月。

◎**品种特点**：喜高温多湿，播种后 40~60 天可采收。喜水，要勤浇水，浇大水，还可进行水培。施农家肥、磷肥及少量草木灰。喜湿润、保水强而且肥沃的黏壤土。

◎**种植贴士**：空心菜种子萌发需 15℃以上，蔓叶生长适温为 25~30℃，从春到秋几乎都可以种植。空心菜喜较高的空气湿度及湿润的土壤，环境过干则藤蔓纤维增多，食用品质降低，所以要经常浇水，浇大水。空心菜需肥量大，耐肥力强，尤其对氮肥的需要量较大，生长过程中需要多次追施以氮肥为主的有机肥。

勤采收能促进空心菜的生长，株高 12~15 厘米时可间拔采收，株高 30 厘米以上时就可以正式采收了，尽量从靠近根部掐取，以达到茎基部重新萌芽，这样，以后采摘的茎蔓可保持粗壮；采摘时用手掐摘为宜，不用剪刀等铁器。空心菜可以多次采收，直到霜冻后茎叶枯死。

🥬 油麦菜

◎播种时间：3~5月、8~10月。

◎品种特点：喜温暖气候，播种后30~50天可收获。见干见湿，既要保持充足水分，又要防止积水或暴雨冲刷。施腐熟有机肥、饼肥及草木灰。喜肥沃、排水良好的沙壤土。

◎种植贴士：油麦菜种子发芽适温为15~20℃，超过25℃或低于8℃不出芽。春季可以直接露地播种，在7~9月油麦菜在播种前则需要浸种催芽。方法是将种子用纱布包好后浸水3~4小

时，然后取出放入冰箱冷藏室内10~15小时，有75%种子长出白芽即可播种。播种后要遮阴。

油麦菜在生长过程中需要追肥2~3次，每次可以随水施肥。油麦菜不可缺水，否则会变得又老又硬，品质下降。

🥬 菠菜

◎播种时间：9月上中旬至11月上旬，或3~4月。

◎品种特点：喜凉爽，较耐霜冻，播种后30~40天，可分批采收。一般3~5天浇1次水，保持土壤湿润即可。施腐熟人畜粪肥。喜保水力强、排水良好的沙壤土。

◎种植贴士：种植菠菜要根据不同栽培季节选择适宜品种，秋天播种宜选取耐热性较好的塌地菠菜，春天播种宜选圆叶菠菜。

阳台种植菠菜多以秋季为主，正常气候下，宜在9月份开始播种。菠菜喜凉爽气候，高温越高，发芽越差，如温度达35℃，发芽率不到20%。若发现幼苗生长缓慢，叶色发黄，无光泽，根系差，则说明土壤酸性过重，需要撒生石灰降低酸度。

菠菜生长过程中要避免土壤干旱，经常保持土壤一定的湿度，菠菜才会又甜又嫩，口感好。

 芹菜

◎播种时间：3~5月和9~11月。

◎品种特点：喜冷凉、湿润的气候，属半耐寒性蔬菜，不耐高温。播种后30天左右，可间拔采收。保持土壤湿润，一般2~3天浇1次水。施腐熟厩肥。适宜在土质疏松、肥沃的沙壤土上栽培。

◎种植贴士：芹菜种子发芽最低温度为4℃，最适温度15~20℃，15℃以下发芽延迟，30℃以上几乎不发芽，所以播种时间要根据当地的气温情况决定。芹菜的种子小，幼芽顶土力弱，出苗慢，一般要一个星期或者更长时间，需要足够的耐心等待；播种后，把花盆放在有太阳的地方，

芹菜会更容易发芽。

在整个生长过程中，可适当追施厨余肥水，让它长得更茂盛。由于芹菜有很强的趋光性，盆栽芹菜要经常转动种植容器，这样才不会出现一边倒的情况。

9~10月是芹菜生长最快的时期，以后生长速度放慢，到霜降前后即停止生长，0℃以上可以露地越冬。

 香菜

◎**播种时间**：8月下旬至翌年4月。

◎**品种特点**：喜冷，不耐热，播种后40天左右可分批采收。不耐旱，必须每隔2~3天轻浇1次水，经常保持土壤湿润。施腐熟厩肥。喜保水保肥力强，有机质丰富的沙壤土。

◎**种植贴士**：香菜的种子有一层坚硬的外壳，播种前应先把种子搓开，以防发芽慢和出芽少。

香菜喜冷、不耐炎热，播种早了温度高，易抽薹开花，茎叶也比较老硬；播种晚了，生长期短，产量低，最适宜的播种期是8月中旬以后。播种前通过冷藏催芽，

香菜会以为夏天已经过去，种子开始萌动，此时再播，会事半功倍。

香菜根系浅，所以要及时浇水；其吸肥能力强，所以除了基肥外，还需要施1~2次腐熟的厨余肥。

茼蒿

◎**播种时间**：3~5月和8~10月。

◎**品种特点**：喜冷凉，不耐高温，播种后30天左右可分批采收。对光照要求不严，一般以较弱光照为好；不能缺水，应保持土壤湿润，若遇到雨季，要及时排除积水。施饼肥。对土壤要求不严，喜疏松肥沃、保水保肥、排灌良好的沙壤土。

◎**种植贴士**：茼蒿的品种依叶片大小，分为大叶茼蒿和小叶茼蒿两类。可以根据自己的喜欢选择品种，个人认为大叶品种口感更好。

茼蒿生长适温在20℃左右，超过30℃就会生长不良。所以春季播种不要晚于5月，秋季播种不要早于立秋节气。茼蒿在北向阳台上也能正常生长。施足基肥后一般不再追肥。

茼蒿可适当密植，逐步间拔采收，春播茼蒿可多次掐取嫩叶、嫩梢直至开花，秋播茼蒿一般为一次性采收。

塌菜

◎播种时间：7月底至10月中旬播种育苗。

◎品种特点：喜冷凉，不耐高温，12月至翌年3月陆续采收。喜阳光，注意保持土壤湿润，但遇大雨要及时排水；冬季地温低，应减少浇水次数或不浇水，开春后慢慢增加浇水次数；施腐熟人畜粪，喜富含有机质、保水保肥力强的黏壤土。

◎种植贴士：塌菜品种众多，其中品质最佳的当数上海小八叶和安徽黄心乌。

塌菜种子发芽适温 20~25℃，生长发育适温15~20℃，能耐 −10~−8℃ 的低温，在 25℃ 以上则生长不良。秋季是塌菜最佳种植时间，早春种植塌菜，则需要在种子发芽时给予一定的保温增温措施。阴雨、弱光易引起塌菜徒长，茎节伸长，品质下降，所以最好种植在朝南的地方。塌菜在生长盛期要求肥水充足，除基肥外，最好追肥 2~3 次。

☑图说速生类叶菜的种植方法（以茼蒿为例）：

①播种前用30~35℃的温水浸种24小时，种植土壤中可埋入一些农家肥作基肥。

② 将土浇湿，然后将茼蒿种子混合细沙，均匀地撒在土面，再覆盖 1 厘米厚的细土。

③ 播种后注意保持土壤湿润，7 天后，茼蒿开始陆续发芽。

④ 10 天后，茼蒿大多长出 4 片叶子，此时要放在能晒到太阳的地方。

⑤ 20 天后，茼蒿已经长出 6~8 片叶子，需要拔掉一些过密的幼苗，拔下来后可以移栽到其他容器内，也可食用。

⑥ 30 天后，茼蒿差不多有 15 厘米高，长满了整个容器。如果不留种的话，就可一次性采收。

二、中级——结球及花薹类叶菜

1. 结球叶类菜

大白菜

◎播种时间：8 月上旬至 10 月中旬。

◎品种特点：喜冷凉，属半耐寒蔬菜，耐热性和抗寒性都比较差，只耐轻霜。中等光照强度下生长良好。对土壤要求不高，对肥料和水分需求较多。

◎种植贴士：大白菜发芽适温 20~25℃，营养生长适温 5~25℃，超过 25℃时生长不良。结球期要求温度 12~18℃，温度过高则不易结球，叶片散乱。

定植剩下的大白菜苗可留在育苗箱中继续生长，并不断间拔采收食用。大白菜包心后，一旦外叶叶色开始变淡，基部外叶发黄时就必须一次性采收，采收时用小刀从根部切下即可。

大白菜种子用量不大，选取 2~3 株留种即可，注意避免与其他十字花科蔬菜（包菜、菜薹等）杂交。

包菜

◎播种时间：8 月上旬至 10 月中旬。

◎品种特点：属半耐寒性蔬菜，生长适应温度范围较宽。喜光照，光照不足长势减弱。喜土层深厚，以富含有机质、保水力强的沙壤土种植为佳。对氮肥消耗特别大，需要施用足够的基肥。喜湿润环境，需经常保持土壤湿润。

◎种植贴士：包菜学名结球甘蓝，俗称洋白菜、圆白菜、卷心菜，在全国各地普遍栽培，结球期生长适宜温度 15~20℃。

当叶球完全包好、比较紧实的时候采收，采收前少浇水，以免叶球开裂。若到春季还迟迟未采收，随着温度的升高，已经包合的叶片又会慢慢散开，并抽出花薹。

包菜的花为淡黄色，花后可以自己留种，要避免杂交。

☑图说结球类叶菜的种植方法（以大白菜为例）：

①将种子在 55℃的温水中浸种 20 分钟，然后沥干水，放在湿润的地方催芽 24 小时。

②将种子混合 3 倍细沙均匀撒在育苗箱的土面上，然后覆盖厚 1 厘米左右的细土并浇透水。发芽前不再浇水，温度合适的情况下，播种后 3 天就会出苗。

③出苗后 3 天左右浇 1 次小水即可，10 天后间苗 1 次。

④ 20 天后，菜苗长到 6 厘米左右高、有 6~8 片真叶时，可以追液肥 1 次。

⑤等苗高 12~15 厘米，有 5~8 片真叶时，选叶片肥厚、颜色深绿、茎粗的

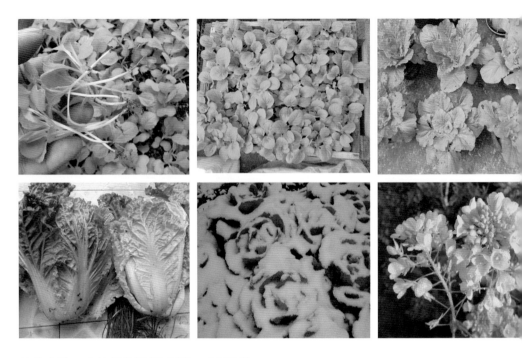

植株定植，定植行株距 30 厘米 ×20 厘米。

⑥定植后浇足 1 次水后，开始控制水分，减少浇水次数。当心叶开始包合时，开始供应充足水肥。

⑦叶丛开始包心后，选取叶球大而紧实的收获，一旦外叶叶色开始变淡、基部外叶发黄时就必须全部采收完毕。

2. 花类叶菜

花菜

◎**播种时间**：7~8 月。

◎**品种特点**：属半耐寒性蔬菜，喜冷凉气候，不耐炎热，也不耐霜冻。喜欢充足的光照，但也稍耐阴，花球期要避免强烈阳光照射。喜湿润环境，要供应充足的水分，但耐涝力差，田间不应积水。比较吃肥，在定植土壤中要埋入充足的基肥。土壤应选用保肥保水良好的壤土或黏壤土。

◎**种植贴士**：花菜发芽适宜温度为 18~25℃，生长适宜温度为 12~22℃。冬春季温度低时，易受冻害或冷害，应控制浇水次数和浇水量，在晴天的上

午或中午浇水。结球期要保持土壤湿润，土壤过于干燥会影响花球的形成。

花菜的花球充分长大、边缘近松散状时，就要及时收获。未及时收获的花菜会抽薹，影响收获品质。花菜较耐贮藏，常温可放置 3~5 天；用塑料袋包装，并置于 0~4℃ 且湿度较高的环境下，可保鲜 1 个月。

花菜从开花到种子成熟所需时间较长，一般家庭种植不自留种子。

西兰花

◎**播种时间**：7 月中旬至 9 月上旬。

◎**品种特点**：耐热、耐寒性强，适应性广。较喜光照，尤其是生长后期，充足的光照可提高花球的产量和品质。在湿润的条件下生长良好，不耐干旱，气候干燥、土壤水分不足则植株生长缓慢，长势弱，花球小而松散，品质差。适应性广，只要土壤肥力较强，施肥、追肥适当，在不同类型的土壤上均能良好生长。

◎**种植贴士**：西兰花生长适温 15~20℃，5℃ 以下的低温使其生长受到抑制，25℃ 以上的高温易徒长。从不同生长时期来看，种子发芽的适温为 20~25℃，早熟品种花球形成的适温为 15~18℃，中熟品种花球形成的适温在 10℃ 左右，耐寒品种花球能短期忍耐 -3℃ 左右的低温。

西兰花在不同生育期对水分要求不同，苗期需要湿润的土壤；

营养生长期由于叶簇旺盛生长，叶面积迅速扩大，叶的蒸腾作用加强，需水量增大；花球形成期叶面积达到最大，花球生长需充足的养分和水分，该时期需水最多，应保持土壤湿润。

西兰花根系较浅，定植后一般不进行翻土和除草，以免损害根系。周围有杂草时，可用覆盖物抑制杂草的生长。

在植株顶端的花球充分膨大、花蕾尚未开放时采收为好，采收过晚易造成散球和开花。顶花球采收后，植株的腋芽萌发，并迅速长出侧枝，于侧枝顶端又形成花球，即侧花球。当侧花球长到一定大小、花蕾尚未开放时，可再行采收。这样，一般可持续采收 2~3 次。

☑图说花类叶菜的种植方法（以花菜为例）：

①将种子放在 30~40℃的水中搅拌浸泡 15 分钟，去除瘪籽，然后浸泡 5 小时左右，再用清水淘洗干净，放置在 25℃条件下保湿催芽；催芽期间每天用 25℃温水淘洗 2~3 次，并将种子上下翻动，使其温湿度均匀，一般经 2~3 天即可出芽。

②气温稳定在 15℃以上时，即可播种。先浇足底水，然后撒播种子，播后覆盖 0.5 厘米厚的细土。播后需注意遮阴、降温和防雨。

③在子叶展开后间苗，苗距 2~3 厘米，间苗后施 10% 的稀粪水 1 次。

④当幼苗长到 3~4 片真叶时，即可进行分苗。一般往营养钵、纸袋或营养土块里分苗。分苗前，床土要用温水浇透，如果是在阳台种植，此时直接分苗在大花盆里。

⑤幼苗长到 7~8 叶时即可定植，移栽前浇透起苗水，行株距 25 厘米×25 厘米，定植 1 周后追肥 1 次，浓度提高至 30%。

⑥现蕾后施重肥 1 次，待花球充分长大、边缘近松散状时，就要收获了。

3. 薹类叶菜

 红菜薹

◎播种时间：8~10 月。

◎品种特点：耐寒而不耐热，冬季可耐 -5℃低温。较喜光，不耐旱，需保持土壤湿润。除了基肥外，还应多次追肥。土壤以排灌方便、土层深厚、疏松肥沃、保肥保水性能好的沙壤土为佳。

◎种植贴士：红菜薹发芽适温 25~30℃，生长适温 15~25℃，花薹形成适温 15~20℃，冬季可耐 -5℃低温。

红菜薹的最佳播种期为 8 月下旬处暑前后。播种期提早，育苗困难，定植后死株多，产量低，菜薹或有苦味；播种期推迟，死苗少，但过迟又会缩短采收期，使采收的次数减少，影响产量。

出苗前保持土壤潮湿，出苗后遇高温干旱天气，宜在每天傍晚浇水，同时注意防蚜虫、小菜蛾等虫害。生长前期干旱季节，宜在早晚浇水；冬春季多雨季节，土壤长期湿润时，控制浇水；保持畦间畅通，排除田间积水。

当菜薹长到 25~35 厘米，2~3 朵花开，部分花蕾发黄时即可采收。采收

宜在晴天进行，前期每周采收2次，后期气温低每周采收1次，可以持续采收到次年3月。冬至前后重施1次有机肥，开春后早施追肥，及时摘除底部黄叶，可延长采收期。

选择健壮植株留种，且避免与其他十字花科蔬菜杂交。籽粒鼓起时采收，晾晒至自然开裂后脱粒，阴凉干燥保存。

 白菜薹

◎**播种时间**：7月中下旬到9月上旬，最适宜播种期是8月上中旬。

◎**品种特点**：耐寒而不耐热，较耐阴，较耐旱，不耐涝。除了基肥外，还应多次追肥。土壤以排灌方便、土层深厚、疏松肥沃、保肥保水性能好的沙壤土为佳。

◎**种植贴士**：白菜薹生长最适温度在10~22℃，低于10℃生长缓慢。小苗在2~5℃的低温下，能较快地形成花薹。定植宜早，出苗18~25天即可定植。

如果浇水过多土壤太湿，易引起病害特别是软腐病的发生，所以须让土壤见干见湿。

一般白菜薹可以采收3批，但秋季温度高时，植株易早衰，一般情况下只能采摘2批。在菜薹生长到长25~35厘米时及时采收，防止老化后品质变差。主薹

采收要低，不要留桩，以保障侧薹的萌发。采收时尽量减小切口并稍斜，以防积水和病害感染。

芥蓝

◎播种时间：2~3 月或 8~10 月，以秋播为佳。

◎品种特点：芥蓝喜温和气候，耐热性强，耐高温的能力是甘蓝类蔬菜中最强的。喜光不耐阴，光照条件好、光照充足，植株生长健壮，茎粗叶大，菜薹发育好；若光照不足，光照弱，会抑制生长，造成茎叶徒长细弱，易感染病害，花薹质量差，产量低。喜湿润，不耐干旱，特别在菜薹形成期，必须保持适当的湿度。不耐涝，土壤过湿影响根系生长，过分干旱则茎易硬化，品质差。比较耐肥，应施足底肥，追肥以氮肥为主，适当增施磷、钾肥。对土壤适应性强，以土质疏松、保水保肥好的壤土最适宜。

◎种植贴士：芥蓝分为早熟和中晚熟品种，早熟品种抽薹早，气温低时易老化、纤维多、品质差。晚熟品种采收晚，遇高温时品质降低、老化快、商品性低。中晚熟芥蓝现蕾比早熟芥蓝迟，菜薹发育所需时间长，产量较早熟芥蓝高。

芥蓝发芽期的适温为 25~30℃，20℃以下发芽缓慢。叶片生长期以 20℃左右为宜，花薹形成期以 15℃左右为宜，并要求日夜温差较大。在适宜温度范围内，若温度从较高温度逐步向低温变化，既有利于植株营养生长，又能及时通过春化阶段形成花薹，产量高，品质好，所以秋播的芥蓝产量比春播的要高许多。

芥蓝可以采取直播的方式，比育苗后再移栽更节省人力和时间，而且直播芥蓝长势更好、产量更高。

当花薹与基部叶片高度相同时采收。采收主薹时，基部保留 4 片叶以供腋芽生长形成较好的侧薹，采收侧薹基部应留 2 片叶子。

菜心

◎**播种时间**：一般于春秋两季栽培，家庭多采用秋季种植，8~10 月播种。

◎**品种特点**：菜心喜凉爽温和气候，对光照要求不严，但充足阳光有利于其生长发育。菜心根系分布较浅，吸收能力较弱，生长期短，生长量大，生长全期要求有充足的水分和养分供应。生长前期可施少量氮肥，中期可施氮、磷、钾复合肥，后期应停施氮肥。经常浇水保持土壤湿润。喜疏松透气、排灌方便、有机质丰富的沙壤土。

◎**种植贴士**：菜心种子发芽及幼苗生长适温为 25~30℃，叶片生长适温为 20~25℃，菜薹形成适温为 15~20℃。

在高温条件下，菜薹生长速度快，但是细长，水分少，纤维多，口感较硬；在气温稍凉爽一些的时候，菜薹长得慢，粗壮，水分多，还有股甜味，所以阳台种菜心，可以等到稍微冷凉的季节再种。

菜心可直播也可育苗移栽，直播菜心出苗后两子叶展开，即可逐渐进行间苗，最后按行株距 10 ~ 15 厘米定苗。如果育苗移栽，可在苗长到 4 片真叶时进行移植，苗距 15 厘米左右。家庭栽培可选用花盆、泡沫箱等作为栽培容器，也可在阳台之上用砖或木板砌成菜池，规格大小不限。因其生长期较短，故栽培容器不用太深，一般容器深度 15~20 厘米即可。

播种出苗后如遇低温天气，且土地贫瘠时，会在植株未长成时就抽薹开花，

造成减产，种植时需注意。

生长期间土壤需保持湿润，但不可积水，晴天可早晚各浇 1 次水，冬天可每天浇水 1 次或隔天 1 次，具体情况应看土壤表土，稍干即要浇水，如过干则植株会萎蔫。整个生长过程中只需要施足底肥，然后追肥 2~3 次，第一片真叶时开始追施 1 次淡肥，并且追肥宜淡不宜浓，否则肥料过多会导致菜心有股苦味。

菜心并不一定要等到菜薹抽薹才收获，当菜心小苗长到 10 厘米高时，就可以采摘食用，是营养非常丰富的绿叶菜。一般春季栽种的早、中熟菜心品种，只收主薹不收侧薹；秋冬栽培的迟熟菜心品种，除采收主薹外还可留侧薹。

☑图说薹类叶菜的种植方法（以红菜薹为例）：

①整地时要多施腐熟的有机肥，用撒播方式进行播种。

②播后用遮阳网覆盖，经常保持育苗畦湿润，1 个星期左右出苗。

③出苗后迅速揭开遮阳网防止徒长，在长出第一片真叶时可浇 1 次稀薄粪水。二叶一心左右要进行间苗和除杂草。

④播后20天左右长出4~5片真叶时可以定植，行株距为45厘米×30厘米。定植当天应将苗床浇透水，数小时后再拔苗，尽量带土移栽，并且及时浇水。定植成活后每周追肥1次。

⑤现蕾抽薹时追施适当的人畜粪水并供应充足水分。

⑥当主花薹的高度与叶片高度相同，花蕾欲开而未开时及时采收。主菜薹采收时，在植株基部5~7叶节掐下。主菜薹采收后，为促进侧菜薹的生长，应重施追肥2~3次。侧菜薹的采收应在薹基部1~2叶节处。

• 三、进阶级——野菜、保健蔬菜、特色蔬菜 •

1. 野菜类

荠菜

◎**播种时间**：可在春季2~4月、夏季7~8月、秋季9~10月3季播种。

◎**品种特点**：喜温暖，但耐寒力强。适应性强，较抗病虫害。喜光，光照越足，生长越旺盛，香味越浓郁。较耐旱，正常情况下1周浇2~3次水即可。根据长势施腐熟有机肥。对土壤要求不高，肥沃、疏松土壤尤佳。

◎**种植贴士**：荠菜种子发芽适温为20~25℃。生长发育适温为12~20℃，气温低于10℃或高于22℃则生长缓慢，品质较差。耐寒性较强，在-5℃以上可露地越冬。在2~5℃的低温条件下，荠菜10~20天通过春化阶段即抽薹开花。

荠菜根系较浅，基肥无需深埋，混合在表土里即可。追肥以薄肥为主，施肥过多看似叶片粗壮，但口味反而不佳。

采收时，选择具有 10~13 片真叶的大株采收，带根挖出。留下中、小苗继续生长。留种一般在 4 月底至 5 月初，当种株花已谢，茎微黄，从果荚中搓下种子已发黄时，为九成熟，这时采收最为适时。在晴天上午收割，将种子搓下，并晾干（切忌暴晒），以免降低发芽率。果实成熟后若没有及时采收，蒴果就会自行破裂弹开，将种子洒落在泥土里。第二年在温度、水分适宜的情况下，会自行发芽。因此在大田不用刻意播种荠菜，只需在收获后保留几株开花的种株即可。

★ 种植随笔：种子奇遇记

我是一粒其貌不扬的种子，褐黄色的种皮套在瘦小的身体上。

我的母亲和亲戚们都生长在荒郊野外，离我家不远的地方就是长江。我们在江的南岸吹着江风，晒着毫无遮挡的太阳，母亲的皮肤被晒得通红，还有些发黑。由于长期没有好吃的，喝的水也全靠老天爷下雨，所以亲戚们都有些瘦弱，但奇怪的是，越瘦，我们的体味就越浓，人们也更加喜欢我们。

早春时节，亲戚们相继被前来郊游的人们挖回了家，或被做成饺子馅，或被炒成一盘菜。我家因为住在不起眼的地方，母亲才能在阳春三月绽放花朵，孕育出我和我的兄弟姐妹。母亲常常对我们念叨：快快长呀，快快长！

眼看着我就要挣脱妈妈的怀抱，掉落在生我养我的土地里，一双小手将我和兄弟姐妹们从母亲的枝头捋下，一个稚嫩的声音说："妈妈，我采到荠菜种子啦！"还没来得及和母亲告别，我们就被放进了一个透明的塑料袋里，一路颠簸，长途跋涉，来到一个完全陌生的地方。

我们被摊开晒了几天太阳，然后就被收藏了起来。不知何时，主人将我们撒向了一片泥土。这里的泥土既松软又

温暖，我仿佛回到了妈妈的怀抱，很快就睡着了。

几天后，我惊讶地发现自己圆滚滚的身子长出了脑袋（芽）和腿（根）。这下我躺也不是，站也不是，生怕把它们给弄伤了。可是后来我渐渐发现，脑袋自己就会朝着天上长，而腿自己会往深处的地下钻，索性我也不着急了，安心躺着吧！

随着脖子越长越长，我的脑袋终于破土而出，来到了光明的世界。哇，这里好美！和我家乡的江滩相比一点也不逊色。蔬菜们都整整齐齐地排列着，满眼绿色，生机盎然。不远处还开着红彤彤的月季花和黄灿灿的迎春花。我挥动着头顶的两片子叶，兴奋地和附近的小伙伴们打着招呼。看样子，大家对这个新家都相当满意呢！

可惜好景不长，一场突如其来的寒流袭击了整个小菜园。怕冷的茄子苗、辣椒苗大多冻得蔫头耷脑，主人慌忙把它们搬进室内，我和小伙伴却在风雨之中精神抖擞，让主人直呼神奇！

天气转暖后，主人对我们可好啦，经常会给我们浇水施肥，把我们喂得饱饱的。说实话，一开始我还真有点不习惯呢！为了报答主人的照顾，我们铆足了劲快快长。

日子一天天过去，一些小伙伴陆续完成了自己的使命，走出地头，走上餐桌，而我在小菜园一直待到开花结子，直到种子成熟。亲手把我从田地里采摘回来的小主人又将我的子孙后代采摘下来，一代一代传承下去。

 ## 马齿苋

◎播种时间：一般 2~8 月间均可播种。

◎品种特点：喜温暖，不耐寒，冬季枯死。对光照不严格，强光、弱光下都

能生长良好,遇连阴雨天气易徒长,光照太强易老化。抗病力强,生长势旺。较耐旱,但喜湿润,一般 1 周浇水 2~3 次。喜肥,生长期间宜经常追施氮肥和少量钾肥。对土壤要求不高,但宜选用疏松、肥沃、保水性良好的沙质壤土栽培,生长加快,茎叶幼嫩,品质特佳。

◎种植贴士:马齿苋 20℃以上种子开始萌发。生长适宜温度为 20~30℃。冬季温度低于 10℃则植株枯死。

春播品质柔嫩,夏、秋播种易开花且品质粗老。可以盆栽,也可以地栽,盆栽花盆不宜太小,口径 35~40 厘米的泥盆最为适宜,高度在 10 厘米以上即可。马齿苋既可以播种繁殖,也可以用其茎段或分枝扦插繁殖,扦插在生长期均可进行。方法为选取健壮、充实和节间较短的茎秆作插穗,长 10~12 厘米,插于沙床,保持稍干燥,约 15 天可生根,极易成活。

枝条长 25 厘米以上时,开始采收。采摘时掐去嫩茎的中上部,根部留 2~3 节主茎使植株继续生长,直至植株开花。每次采收后追施有机氮肥 1 次。

马齿苋的蒴果成熟期有前有后,一旦成熟就自然开裂或稍有振动就撒出种子,且种子又很细小,采集时可以在行间或株间先铺上废报纸或薄膜,然后摇动植株,让种子落到报纸或薄膜上,再进行收集。大田中种植马齿苋,可留一些种株让其开花结籽,散落在土里的种子来年会自己出苗,不用人工采种播种。

蒲公英

◎播种时间:2~8 月,以 2~4 月为佳。

◎品种特点:蒲公英既抗寒又耐热,喜阳光,自然阳光下长势良好。蒲公英

出苗后需要大量水分，正常生长期1周浇2~3次水即可。施肥以基肥为主，在生长季节里，视长势情况追肥1~2次。适宜生长在疏松肥沃、排水好的沙壤土上，不仅可以获得高产，而且品质优良，不适宜栽培在土壤板结、黏性较重的地里，影响产量和品质。

◎种植贴士：蒲公英发芽适温15℃，生长适温20~22℃。冬季在-5℃以上可露地越冬，低温或轻霜后，叶片呈紫绿色是正常现象，夏季生长较缓慢，温度不能太高，否则不利于蒲公英生长，品质下降，容易老化。

从春到秋都可以种植，夏季播种时要注意遮阴保湿，早春播种需要进行一定的保温。蒲公英发芽时间较长，需进行催芽处理后再播种。发芽以后，可进行培沙处理，即将素沙堆在幼苗根部，每次培细沙1厘米厚。培沙处理不仅可降低蒲公英的苦味、减少纤维，还可以使其脆嫩、口感好。

以药用为目的蒲公英，可于第二年春秋季植株开花初期挖取全株；作蔬菜栽培时不采收全株，而是在叶片长至15厘米以上时采收叶片。如果肥水管理得好还可以收割2~3次。每次采收后，在2~3天内不宜浇水，以防腐烂。

蒲公英是多年生植物，播种后第二年即可开花结果，随着生长年限的增加，开花朵数和种子产量逐年提高。因此可以保留固定的留种植株。开花后13~15天种子即可成熟，当种子变成褐色，容易被风吹散时即可采收。采种时可将花序摘下，放在室内存放1~2天后熟，至种子半干时，用手搓掉种子头端绒毛后备用。

☑图说野菜类叶菜的种植方法（以荠菜为例）：

①精细整地，耕翻深度15厘米，用3倍细土与种子搅拌均匀，然后撒在畦面上。

②播种后用脚轻轻地踩一遍，浇透水。出苗前要小水勤浇。

③1周后陆续出苗，在2片真叶时，施1次人畜粪水。

④等苗高12~15厘米，有6~8片

▲荠菜

真叶时，选叶片肥厚、颜色深绿、茎粗的植株定植，定植行株距 20 厘米 ×15 厘米，也可以不定植，直接根据需要间拔采收。

⑤定植成活后再追肥 1 次。

⑥根据需要分批采收。

2. 保健蔬菜

 紫背菜

◎**种植时间**：春季 4~6 月和秋季 9~11 月。

◎**品种特点**：紫背菜又名紫背天葵、观音菜，原产我国四川，因叶背紫红色而得名。紫背菜既可入药，又是很好的营养保健食品。其富含造血的铁素、维生素 A 原、黄酮类化合物及酶化剂锰元素，具有活血止血、解毒消肿等功效，同时，它还是产后妇女和缺血、贫血患者适宜常食的一种补血蔬菜。

紫背菜喜温暖，怕霜冻。较耐阴，忌烈日灼射。喜湿润，需经常浇水。较喜肥，除施足有机基肥外，生长期和采收期还应根据生长情况多次追肥。种植以疏松肥沃、富含有机质、地层深厚的土壤为佳。

◎**种植贴士**：紫背菜在 16~26℃生长旺盛，低于 10℃或高于 40℃停止生长。2℃时，地上部全部冻死，−3℃时整株冻死，故冬季需采取保温措施。

紫背菜是多年生植物，因节部易生不定根，栽培上均采用扦插繁殖。

只要环境适宜，全年都可陆续采收，春季 5~6 月份和秋季 9~11 月份产量最高，平均 7~10 天采收 1 次。

◎种植方法：

①选取充实节段，剪取每段 3~4 节、长 10 厘米左右的枝条带叶扦插于沙床上。

②生根发芽后定植到大田，尽量多带土、少伤根，能有效提高成活率。

③定植后 30~40 天即可开始采收，采收时应采摘顶端具有 5~6 片叶的嫩枝，基部留 2 个节，以便继续萌发出新枝梢。

④每次采收后都要追肥 1 次，用 30% 的稀粪水泼浇。每采收 2~3 次，要撒一些草木灰。

富贵菜

◎种植时间：全年可种，以春（3~5 月）、秋（9~10 月）两季为佳。

◎品种特点：富贵菜又名神仙菜、百子菜，原产南非。富贵菜是一种神奇的保健蔬菜，其茎叶中含有大量的铁、维生素 C、藻胶素、甘露醇、维生素 B、钾及多种氨基酸等营养元素，因而具有极强的降血压、降血脂、抑制糖尿病的奇特功效，但孕妇不宜食用。

富贵菜喜温暖，怕霜冻，在日照充足的条件下生长健壮。夏季注意适当遮阴。干旱时早晚各浇水 1 次，雨季注意防涝。较喜肥，除基肥外，生长期和采收期一般每半个月追肥 1 次。以在排水良好、富含有机质、保水保肥能力强的微酸性土壤中生长最好。

◎种植贴士：富贵菜生长适温为 20~25℃，低于 15℃或高于 35℃时生长缓慢或受阻，整株能忍耐 3℃低温，遇 −2℃时，地上部被冻枯死。

夏天应选择阴凉地段作苗床，或加盖遮阳网降温；冬天选择避风温暖处，或者搭塑料薄膜小拱棚保温。

富贵菜一般很少结子，但其茎部具有很强的不定根形成能力，扦插容易成活，因此多以扦插法繁殖。富贵菜是多年生植物，顺利越冬后，春季即可重新焕发生机，因此不必每年扦插繁殖。但 3~5 年植株老化后，生长速度下降，就需要重新扦插，以培养新的植株。

◎种植方法：

①从健壮的母株上取老熟茎作插条，每条长约 15 厘米，带 5~10 片叶，摘去基部叶片，插于沙床。

②在定植土壤里施足腐熟的有机肥作基肥，扦插苗长出 4~6 片新叶时即可定植，定植行株距为 43 厘米 ×20 厘米，定植后浇透水。

③定植后 30 天即可采收，摘取长约 10 厘米、具 5~6 片嫩叶的嫩梢。以后每隔 10 日左右采收 1 次，每个枝条基部留 1~2 片叶。连续采收的植株一般不开花，可持续采收到深秋。

 鱼腥草

◎种植时间：一年四季均可种植，但以春季种植最佳。

◎品种特点：鱼腥草又名折耳根，因有一股鱼腥的味道而得名。长久以来，鱼腥草一直扮演药、食两用的双重角色。中医认为其性寒味辛，能清热解毒、消肿疗疮、利尿除湿、健胃消食。现代医学也表明，鱼腥草中含有丰富的多糖、钙、

磷等营养成分以及挥发油，对各种病菌、病毒有抑制作用，并能提高人体免疫调节功能。

鱼腥草喜温暖，较耐寒。喜阴凉，可种植在树下或北坡。喜湿润，不耐干旱和水涝。较喜肥，生长期和采收期还应根据生长情况追肥，以粪肥为主，草木灰为辅。土壤以肥沃的沙壤土和腐殖质壤土最好，不宜用黏壤土和碱性土壤栽培。

◎种植贴士：鱼腥草生长适温15~25℃，较耐寒，在−15℃地下部分仍可露地越冬。

鱼腥草种子发芽率仅为20%左右，因此不采用播种繁殖，而用地下根茎繁殖或带根的壮苗分株繁殖。冬季和早春应注意防冻保温，夏季和初秋应注意遮阳保湿。

药用的鱼腥草宜在花穗多、腥气最浓时选晴好天气采收，收割后及时晒干。鱼腥草根在秋冬两季采挖较为理想，因这时根茎肥大、营养丰富。

◎种植方法：

① 3~4月将老苗的根茎挖出，选白色且粗壮的根茎剪成6~10厘米小段，每段带2个芽，栽植深度为3~4厘米。分株繁殖应在4月下旬挖掘母株，分成几小株，按上述方法栽种。

②栽种后注意浇水，需保持土壤潮湿，勤锄杂草。

③ 4~6月为快速生长期，可追肥2~3次，浓度由淡到浓。

④ 4~10月均可采收嫩茎叶以供食用，可多次采收，每次采收后追肥1次。鱼腥草5月左右开花，6~7月结果，开花结果不影响收获。

⑤ 11月需追肥1次，掺入少量草木灰，11月下旬开始谢苗，次年3月返青。

3. 特色蔬菜

 白菜类

我们常见的小白菜、大白菜、包菜甚至萝卜，都属于十字花科芸薹属的植物，它们的品种繁多，一些颜色、形状奇特的蔬菜也逐渐进入了人们的视野。它们的种植方法和普通品种蔬菜大致相同，但在颜色、口感等方面有自己独特的地方。下面我们一起来看看这些蔬菜吧！

▲ 黄甜菜

▲ 黑油冬白菜

▲ 紫甘蓝

▲ 抱子甘蓝

▲ 银丝菜

▲ 红筋青菜

▲ 黄心乌塌菜

▲牛皮菜

▲泡泡青

▲长梗白

▲芝麻菜

生菜类

生菜按其颜色又分为青叶生菜、白叶生菜、紫叶生菜和红叶生菜。青叶生菜纤维素多；白叶生菜叶片薄，品质细；紫叶、红叶生菜色泽鲜艳，质地鲜嫩。油麦菜（牛俐生菜）、奶油生菜、紫罗曼生菜、色拉生菜、苦苣、甜叶菊苣等，都是生菜大家族的成员。我们日常种植的多为绿色的皱叶或直立生菜。

▲红、绿色拉生菜

▲奶油生菜

▲紫莴苣

▲彩凤尾生菜

▲花叶苦苣

▲麦当生菜

▲紫罗曼生菜

其他类

其他类

　　其他一些新特蔬菜，如与菠菜同属藜科的甜菜，与锦葵、蜀葵等花卉同属锦葵科的冬寒菜，我们都归在了其他类。来看看它们是什么样子吧！

▲冬寒菜

▲红叶甜菜

★种植随笔：蔬菜的远亲近邻

如果把蔬菜世界比喻成一个社会，那么它们也有亲疏之分，好恶之别。

就拿我们常见的叶菜来说，以白菜类最为常见，它们都是同科同属，有个很好听的名字，叫十字花科芸薹属。十字花科，顾名思义，就是4片花瓣两两相对，形成十字形花冠。大白菜、小白菜、包菜、芥菜、油菜、菜薹等蔬菜，它们都是十字花科芸薹属的近亲，林林总总占据了叶类菜王国的半壁江山，是当之无愧的第一家族。这里需要特别说明的是萝卜这个家伙，虽然它是以地下根茎为食的蔬菜，看起来和胡萝卜像表兄弟，但其实它们是完全不同的两种植物，萝卜是不折不扣的十字花科蔬菜，而胡萝卜却是伞形科的一员。

说起十字花科，自然而然会想到唇形花科，同样，它的中文科名也是以花朵的形态来命名的，我们耳熟能详的唇形花科植物有薄荷、荆芥、紫苏、罗勒等。唇形科植物以富含多种芳香油而著称，大部分具有浓烈而令人难忘的气味，常常作为香料或药物使用。

叶类菜王国的第二大家族当属菊科蔬菜，我们常吃的生菜、油麦菜、莴苣、茼蒿等是该家族的明星成员。尤其是生菜，品种繁多，清甜可口，生熟皆可，老少皆宜，实乃居家必备良蔬。如果硬要将白菜和生菜划分一个"势力范围"的话，那一定是北方白菜南方生菜，因为北方较低的温度能够让白菜中的淀粉转化为糖，口感香甜软糯，而生菜脆嫩的口感，更适合南方生食或白灼的烹饪方法。

至于藜科的菠菜和叶甜菜，伞形科的芹菜、香菜，苋科的苋菜，旋花科的空心菜，落葵科的落葵（木耳菜）和锦葵科的冬寒菜等，则是叶类菜王国中的"各方诸侯"。

叶类菜王国还有两个强大的邻国，分别是瓜类王国和茄类王国。葫芦科是瓜类王国当仁不让的第一家族，我们常见的黄瓜、冬瓜、南瓜、丝瓜、苦瓜、西瓜、甜瓜等瓜果都属于葫芦科。葫芦科家族又分为南瓜属、丝瓜属、冬瓜属、葫芦属、西瓜属、黄瓜属、佛手瓜属、栝楼属和苦瓜属九大分支。这九大分支之间虽然关系融洽，但基本不"通婚"，因此保留了各自的品种特性。

茄类王国相比前两个王国，结构要简单得多，基本上由茄科的番茄属、辣椒属和茄属三大家族平分秋色。茄属家族除了茄子，还有另一个不能忽视的成员——土豆。为了开疆扩土，茄科王国从世界各地引进了非常多的高级"人才"，各式

▲十字花科的红菜薹

▲锦葵科的蜀葵

新品微型番茄、观赏辣椒、特色茄子异军突起，熠熠生辉。

　　面对茄科王国的"独树一帜"，叶类菜王国和瓜类王国也不甘落后，纷纷训练"新特部队"。叶类菜王国不仅将野菜部队整合收编，还将分散各地的游勇散兵，如泡泡青、黄心乌等召集在一起，形成了强大的战斗力。瓜类王国则将训练重点放在了南瓜属，集结各品种的南瓜、西葫芦，这股新势力也不容小觑。

　　这三大王国相对独立，和谐共处，为人类的生存延续提供源源不断的营养来源。

种瓜得瓜，种豆得豆

瓜类和豆类是我们常见的蔬菜种类，而且它们的种植与管理也相对简单和粗放，最重要的是，瓜类和豆类的产量都相当高，种植起来相当有成就感。

▌瓜豆类蔬菜"课程表"▐

阶段	分类	特点	代表品种
初级	好种的豆子	生长期较长，种植难度较低，管理较为粗放，产量高，采摘期较长	豇豆、四季豆、扁豆、刀豆、黄豆、豌豆（荷兰豆）、蚕豆等
中级	好玩的瓜类	生长期较长，种植难度中等，产量高，采摘期较长	黄瓜、南瓜、冬瓜、西葫芦、丝瓜、苦瓜、瓠子、葫芦等
进阶级	形色各异的新特品种瓜类	形态颜色各异，融趣味性、观赏性和食用性于一体，种植难度与普通瓜类相同	橘瓜、金瓜、香炉瓜、砍瓜、甜蜜南瓜、香蕉西葫芦、黄珍珠西葫芦、蛇丝瓜、棱丝瓜、白马王子黄瓜、地老虎黄瓜、葫芦、蛇瓜、老鼠瓜等

一、初级——好种的豆子

豇豆

◎**播种时间**：北方 3~5 月露地直播，宜在当地晚霜前 10 天左右播种。南方从春季到秋季都可以播种。

◎**品种特点**：豇豆喜温暖，耐热性强，不耐低温。喜光，有一定的耐阴能力，开花结荚期要求良好的光照。能耐土壤干旱，开花期前后要求有足够的水分，不耐涝。对磷、钾需求量较多，增施磷、钾肥能促进开花结荚。土壤宜选土层深厚、肥沃、排水好的壤土或沙壤土。

◎**种植贴士**：豇豆种子发芽适温为 25~30℃，生长适温为 20~30℃，开花结荚适温为 25~28℃。对低温敏感，5℃以下植株受害，0℃时死亡；温度达到可以直接播种时，不用育苗移栽。

为保证营养的供应，爬藤豇豆主蔓第一花序以下的侧芽应及早除去，使主蔓粗壮；主蔓第一花序以上各节位上的侧枝，留 1~3 叶摘心。第一次产量高峰过后，叶腋间新萌发出的侧枝同样留 1~3 节摘心。主蔓高达 2 米以上时，摘心封顶，控制株高，萌生的侧枝留 1 叶摘心。结果期及时打掉下部老黄叶，增加通风。矮生（不爬藤）豇豆一般不用摘心。

豇豆开花 7~10 天后，豆荚饱满、种粒稍鼓起时采收最佳，太嫩没有产量，太老口感就不太好。豇豆可以自留种子，选取具有本品种特征、无病、结荚位置

适宜、结荚集中而多的植株作为留种株，留取双荚大小一致、籽粒排列整齐、靠近底部和中部的豆荚做种。当果荚表皮萎黄时即可采收，将豆荚挂于室内通风干燥处，至翌年播种前剥出豆子即可，其种子生存力一般为 1~2 年。

◎种植方法：

①豇豆在 20℃可自然发芽，温度达到时可以直接播种，播后盖上 2~3 厘米的土，并浇透水。

②播种两天后根据土面干湿情况浇小水，保证出苗所需水分，一般 5 天可以出苗。出苗后及时间去病苗、弱苗。

③当幼苗长出 2~4 片真叶时定植，行穴距 50 厘米 ×40 厘米，每穴 2 株，也可种植在深度 25 厘米以上的大容器中。

④株高 30 厘米时需要追肥 1 次，搭"人"字架并引蔓上架。

⑤现蕾开花后则要加强肥水供应，每 7~10 天施肥 1 次，一般追肥 2~3 次，追肥以腐熟的粪肥最佳。

四季豆

◎播种时间：2~4 月或 8~9 月。

◎品种特点：四季豆喜温，遇霜冻即枯萎。对光照要求较高，不耐荫蔽。有相当强的抗旱能力，水分过多易患病。需磷较少，需氮、钾较多，以肥沃疏松、富含有机质、土层深厚、排水良好的土壤为佳。

◎种植贴士：四季豆种子发芽最低温度为 8~10℃，25℃左右最为适宜。生长及开花结果适温 18~25℃。

花谢后约 10 天，豆荚长约 10 厘米即可采收，注意不要拽断茎蔓。

采收期间，每周随水追施1次有机肥能大大提高产量。如果已经错过了最佳采收期，则不妨让豆荚继续生长，一直让它变老，外壳变黄干皱再采收，豆粒可以食用，也可以作为种子晾干保存。

◎种植方法：

①在育苗碗里备上育苗土，准备适量饱满、健康、表面光滑无损伤的种子。

②将种子凹进去的"肚脐"朝下，按在土里，间距3~5厘米，为摆放好的种子盖上2厘米厚的细土，然后浇透水。

③播种后保持土壤湿润但不积水，一般3~5天四季豆的种子就破土而出了。

④10天后，苗高5厘米时，选择一个晴天定植，定植行株距为50厘米×30厘米。

⑤长到30厘米高，需要搭"人"字架进行支撑。

⑤开花结果时要适当减少浇水量，并避免遭到暴雨的冲淋。

扁豆

◎**播种时间**：3~4月、8~9月播种均可。

◎**品种特点**：扁豆喜温怕寒，遇霜冻即死亡。较耐阴，对光照不敏感。对水分要求不严格，成株抗旱力极强。对土壤适应性广，以排水良好、肥沃的沙壤土为佳。

◎**种植贴士**：扁豆种子发芽适温22℃左右，生长适温20~30℃，开花结荚最适

温 25~28℃，可耐 35℃高温。

当豆荚颜色由深转淡，籽粒未鼓或稍有鼓起时采收。若籽粒已经完全鼓起，这时候再采摘豆荚就太老了，不妨让它们长到成熟后，剥取里面的豆粒食用。扁豆可以一直收获到霜降植株枯死为止，每采摘 1 次可以追施 1 次稀薄有机肥。选茎蔓中部的健康荚果留种，待豆荚充分成熟时采收，剥壳晾干后在荫蔽处收藏。

◎种植方法：

①在育苗碗里装上 2/3 的育苗土，每间隔 3 厘米挖一个小坑，放入一粒扁豆种子，然后盖上 2 厘米的厚细土并浇透水。

②播种后每隔 2~3 天喷一次小水，7~10 天出苗。

③扁豆长出两片真叶时间苗，间苗后追肥 1 次，4 片以上真叶即可定植，行株距 60 厘米 ×40 厘米。

④主蔓达 2 米以上时，摘心封顶，控制株高，萌生的侧枝留 1 叶摘心。

⑤蔓生种蔓长 30 厘米左右时开始搭架，棚架或"人"字架均可。

⑥开花后再追肥 1 次，浓度可适当提高，开花后的整枝方法与豇豆相同。

刀豆

◎**播种时间**：3~5月或7~8月。

◎**品种特点**：刀豆喜温耐热，喜强光，光照不足影响开花结荚。喜湿润，也较耐旱，但不耐涝。对土壤适应性强，以土层深厚肥沃的沙壤土为宜。

◎**种植贴士**：刀豆种子发芽适温25~30℃，播种前用温水将种子浸泡24小时，凹陷朝下播种能提高发芽率。植株生长适温20~25℃，开花结果适温23~28℃。

开花结荚期适当摘除侧蔓或摘心、疏叶，有利于提高结荚率。此时要适当减少浇水量，并避免暴雨的冲淋。整个结荚期随水追肥3~4次。

当荚长20厘米左右时即可采收嫩荚，可从盛夏开始，陆续采收直至初霜。选择结荚早且具品种性状的植株作为留种株，并选基部荚果为种果，成熟后摘荚干燥，剥取种子贮藏。

◎**种植方法**：

①将种子用温水浸泡24小时。

②在育苗碗里备上土，将种子凹进去的"肚脐"朝下，按在土里，间距3~5厘米。然后在摆放好的种子上盖2厘米厚的细土，最后浇透水。

③播种后保持土壤湿润但不积水，一般要15天左右出苗。

④长出4~6片真叶时定植，行穴距50厘米×50厘米，定植成活后追肥1次。

⑤主蔓50厘米长时引蔓上架，开花前宜控制水分，不宜多浇。

黄豆

◎**播种时间**：北方 5~7 月播种，长江流域 4~6 月播种，华南地区四季可种。

◎**品种特点**：黄豆喜温，不耐热，需要较短的光照时间。需水较多，干旱易引起减产，不耐涝。需施氮磷钾全面肥料，以排水畅、保水力强、富含有机质和钙质的壤土或沙壤土最佳。

◎**种植贴士**：平均气温 24~26℃对黄豆的生长发育最适宜。其抗寒力弱，−3℃即枯死。

黄豆需肥较多，所以要施足基肥。土壤肥力高、长势好的话，苗期不用追肥。开花时施氮肥，可有效提高产量。花期需水较多，如遇干旱要及时浇水。花期同样也不耐雨水，这一时期雨水太多时要注意及时排水。

一般花后 2 周，籽粒丰硕饱满、豆荚鲜绿色时即可采收鲜嫩毛豆。也可以将其留在枝上继续生长，等成熟后剥掉豆荚食用新鲜黄豆粒。秋季霜降前一次性收获回家，可以将成熟黄豆晒干存放，选择颗粒圆润饱满、无虫眼的作为种子保存。收获后将根系部分留在土壤中，让其腐烂变质，可以作肥料。

◎**种植方法**：

①选用优质新鲜的干黄豆作为种子，在太阳下晒 2 天。

②按行株距 30 厘米 ×15 厘米开穴，穴深 2~3 厘米为宜，每穴播 2~3 粒，播后盖土浇水。

③保持土壤湿润，但不能过涝，一般 1 周即出苗。苗出齐后要立即间苗，每

穴只留 1~2 株健壮幼苗。

④幼苗 30 厘米左右时中耕培土并追施草木灰。

⑤开花后，若植株枝叶徒长，则可适当摘心。此后是果实生长旺盛的时期，需要追施 2~3 次有机肥，并保证水分供应。

 ## 豌豆

◎播种时间：2~4 月春播或 10~11 月越冬栽培。

◎品种特点：豌豆喜冷凉湿润气候，耐寒，不耐热。稍耐旱而不耐湿，花期应避免干旱。肥料以腐熟的厩肥、堆肥和一定量的磷、钾肥为主，尤其是施磷肥增产效果明显。对土壤要求虽不严，但以排水良好、有机质丰富的沙壤土为宜。豌豆分为硬荚豌豆（豆用豌豆）和软荚豌豆（荚用豌豆）。荷兰豆属于荚用豌豆的一种。

◎ 种植贴士：豌豆发芽适温为 16~18℃，幼苗能耐 -5℃ 低温，生长期适温为 12~16℃，结荚期适温为 15~20℃，超过 25℃结荚少、产量低。

豌豆的嫩梢可以采摘食用，但次数不宜多，以免影响结豆。豌豆可以采食嫩荚，也可等到豆粒饱满，豆荚鼓起后剥取嫩豆。留种选择植株健壮，无病虫害的植株。当硬荚种的荚果达到老熟呈黄色或软荚呈皱缩的干荚时采收。采收后晒干、脱粒，贮藏于干燥阴凉处。

◎种植方法：

①播种前用 40% 的盐水将种子浸泡 24 小时，除去上浮不充实的或遭虫害的种子。

②开浅沟播种，行株距 25 厘米 ×20 厘米，每穴播 2~3 粒种子，播后覆土 2 厘米厚即可。

③田间保持湿润状态，出苗后，每天淋 1 次薄水。出苗后 3~4 天追施 1 次腐熟人畜粪水。

④苗高 20 厘米左右时，再追肥 1 次，浓度稍浓；至抽蔓后，可根据长势，将嫩梢采摘。

⑤豌豆开花后，需要再追施有机肥 1 次。

⑥豌豆结果后，追施少量磷、钾肥。

 蚕豆

◎播种时间：每年 11~12 月播种。

◎品种特点：蚕豆喜温暖，不耐暑热，较耐寒。喜湿润，忌干旱，怕渍水。开花结荚尤应保持土壤湿润。对光照要求中等。需肥较多，尤其是开花期。土壤以微碱性、肥沃、土层深厚的黏壤土为佳。

◎种植贴士：发芽适温 16℃左右。生长适温 14~16℃，开花结荚的适温为 15~20℃。

蚕豆荚充分鼓起即可采收，收获太早，豆粒还没长大，吃起来不够粉糯。若采摘时蚕豆已经老了，则可以剥掉豆荚和种皮，只食用豆瓣。采收老熟的种子，可在蚕豆叶片凋落，中下部豆荚充分成熟变黑时收获，晒干脱粒贮藏，等待来年种植。

◎种植方法：

①将蚕豆种子在太阳下暴晒 2 天，后用 55℃水浸种 15 分钟，水凉后再浸泡 24 小时，即可准备播种。

②采用穴播，行穴距 30 厘米 ×20 厘米，每穴放入 2~3 粒种子，然后将土面耙平并浇透水。

③保持土壤湿润，约一周后出苗。出苗后若发现缺苗，应及时补种。

④幼苗生长达 3~4 片真叶时，应适量追施氮肥，开花前追施磷、钾肥，可减少落花落荚，促进种子发育。

⑤从现蕾开花开始，应保持土壤湿润并追肥 2~3 次。开花结荚期，为保证养分供应，应进行打顶，控制植株生长。

★种植随笔：豆子的多种吃法

有一个笑话，说是做豆腐生意不怕亏本，石膏加得多是老豆腐，加得少成嫩豆腐；做干了成豆腐干，做稀了是豆腐花；生霉了可以做成豆腐乳，变臭了还可以做成臭豆腐……其实，菜地里种出的豆子也不会浪费，总有多种吃法等着你。

这里所说的豆子，包括菜园里种出的一切品种的豆子，包括豇豆、四季豆、扁豆、豌豆、蚕豆、黄豆等。蚕豆和黄豆的豆荚又老又硬没办法食用，只能吃豆粒。除此之外，其他豆子嫩的时候吃豆荚，老的时候可以吃豆粒，而且豆荚的吃法多种多样。

以豇豆为例，嫩豆角的时候采摘下来，不论是和茄子、青椒、土豆等一块大火快炒，还是开水焯熟后拌上芝麻酱、香醋、蒜末等，又或是豆角比较老的时候和番茄一块炖得又软又烂，都令人回味无穷，是不可辜负的美食。

但传统的煎炒蒸炸已经不能完全体现出它的食用价值了：烦闷的夏季，最舒适的晚餐莫过于绿豆稀饭配上自己腌制的泡菜——酸豆角。

酸豆角是我国传统泡菜家族的代表，其酸度适中，口感清脆，做法也很简单：

将盐水（口感略咸）烧开后冷却，加入新鲜辣椒、生姜、大蒜瓣、花椒、少量白酒和白糖搅拌均匀，倒入经过高温消毒的可密封容器内。将豇豆掐头去尾，洗净后晾干水分，放入容器内，以全部没入水面下为佳。为了方便摆放和取出，可以将豇豆扎成一小捆一小捆，每次食用时取出一捆即可。夏季一般一周后即可食用，取出后可以直接吃，也可切成豆角末后煸炒一下，泡菜特有的风味更加突出，还可以用作鱼香肉丝、蚂蚁上树、酸菜鱼等菜肴的配菜。

此外，干豆角也是不可多得的美食。将豇豆焯熟后在太阳下晒干，剪成6~7厘米长的段，放在阴凉干燥处存放。食用时取出一把，用水泡发后，用来烧五花肉，那可真是肥而不腻、甘甜可口。

如果有已经老了的豇豆，除却留种的以外，老豆粒也可以脱粒后晒干保存，因其淀粉含量高，煮饭、煮粥、炖汤时撒上几粒，又粉糯又香甜，别有一番滋味。

其他的四季豆、扁豆等，皆可如上法炮制，风味各有千秋。豌豆的吃法相对简单，嫩时吃荚，老时吃豆，豌豆发的芽苗菜也是美味无穷。比较值得一提的是蚕豆，嫩时可以将外壳剥去，留下整粒的蚕豆，外面那层深绿薄皮不要去掉，一起吃才有嚼头；半老时则剥去外皮，一粒豆子变成两片翠绿的豆瓣，用来炒鸡蛋、炒韭菜，都鲜美无比；完全老时，豆瓣则变成了黄色，此时可以用油炸得金黄脆崩的，撒上点精盐，作为零嘴小吃。至于黄豆，嫩豆荚又叫毛豆，要带着壳一块凉拌着来吃，边吃边吐壳才有意思，是夏日啤酒的绝配；半老则可以剥取豆粒，用来炒菜；再老了，就晒干作为大豆，平日用来做豆浆喝。

二、中级——好玩的瓜类

 黄瓜

◎**播种时间**：以春、秋两季种植为主。春季在 2 月上旬至 3 月上旬，秋季在 7 月下旬至 10 月上旬。

◎**品种特点**：黄瓜喜温不耐冻，怕旱又怕涝，需及时补充水分。喜肥而不耐肥，须薄肥勤施，宜选择富含有机质的肥沃沙壤土种植。

◎**种植贴士**：黄瓜最低发芽温度为 12℃，最适发芽温度为 28~32℃，10~32℃均可生长，其中生长最适温度为 18~25℃。

施肥要少量多次，宜淡不宜浓。氮肥过多或磷、钾肥过少时最易让黄瓜产生苦味。长期低温或高温也会导致苦味瓜，因此定植不宜过早，温度过高需适当遮阴降温。黄瓜在结瓜期，不能过量追肥、灌水，更不能忽干忽涝。

加强通风管理，及时摘除过密的叶片，保证正常授粉，使瓜条生长匀称，避免出现大头瓜、细腰瓜。

一般开花后 15 天左右就可以收获，果实上的肉瘤充分展开而表皮尚未膨大时最佳。进入收获期后，每星期追肥 1 次能够让黄瓜结出更多的果实。选择健壮结果早的植株留种，让黄瓜自然变老，呈黄色后取出种子晾干，干燥保存。

◎**种植方法**：

①先用 50℃温水浸种 10 分钟，然后洗净，用常温水浸种 4 个小时，再用纱

布包好放于室内温暖处催芽 2~3 天，当种子露白即准备播种。

②用育苗碗装好育苗培养土，在土面上戳出一个个的小洞，一洞放入一粒种子，然后盖土 1~2 厘米厚，浇透水。

③1 周后，黄瓜全部出苗，之后每 2~3 天浇 1 次水。

④当黄瓜有 5~6 片真叶时定植到大田或大型的容器中，大田定植行株距 50 厘米 ×40 厘米，盆栽每盆 1~2 棵。

⑤苗长 20~25 厘米时搭架引蔓，并追肥 1 次。

⑥黄瓜开花后，要适当减少浇水量，并进行人工授粉。黄瓜藤超过 1.5 米长就需要摘心，不开花的侧蔓要尽早掐掉，老叶黄叶也全部剪掉。

🌱 西葫芦

◎**播种时间**：4~5 月春播或 8~9 月秋播都可，以春播为佳。

◎**品种特点**：西葫芦喜温，但不耐高温，温度高于 32℃以上则花器发育不良。在光照充足条件下生长良好。较耐旱，喜厩肥和堆肥等有机肥。对土壤条件要求不严格，在沙壤土和黏壤土中均能正常生长，但以肥沃的沙壤土为佳。

◎**种植贴士**：西葫芦种子在 13℃以上开始发芽，发芽适温为 25~30℃，生长适温为 18~25℃，开花结果期温度要求高于 15℃。

西葫芦在冬春季育苗，苗期少量浇水，不需要追肥。夏秋季育苗，在播种后出苗前，应经常浇水，保持土壤湿润，同时也可起到降低地温的作用。出苗以后，根据实际情况，尽量少浇或不浇水，并及早定植。

及时摘除老病叶，能增加通风，也能有效控制白粉虱的发生。

西葫芦的瓜，老嫩都可食用，可根据个人喜好，在花后15天左右陆续采收。若是果实较多，那么早期结瓜应及时收获，不然后续结瓜就很难长大。根据肥水和品种，一般单株结瓜3~7个。若需要留种，最好选留后期结的瓜，让它自然老化，变成黄色，然后摘下果实剥出种子晾干，保存备用。

◎种植方法：

①用50~55℃的温水烫种，不断搅拌15分钟，待自然冷却后浸种4小时，再放在25℃的温度下催芽，3~5天后芽长约1.5厘米时即可播种。

②选择晴朗温暖天气播种，在育苗碗内用穴播的方法间隔3~5厘米播种，播后覆土约2厘米，并浇透水。

③播种后保持较高的温度和湿度，有需要可以覆盖薄膜，3~4天出苗。

④幼苗长出4片以上真叶时就可以定植，间距40厘米以上。

⑤花开后，在晴天上午的6~8时进行人工授粉，结瓜期随水追肥。

 丝瓜

◎播种时间：丝瓜移栽成活率较低，一般采用直播方式，清明之后分批播种。

◎品种特点：丝瓜喜温耐热，根系发达，抗旱、抗涝能力强，但过于干旱，果实易老。对光照要求不严，在晴天、光照充足的条件下有利于丰产优质。在土壤深厚、含有机质较多、排水良好的肥沃壤土中生长最好。对肥料的要求以氮肥为主，配合施入磷、钾肥。

◎种植贴士：丝瓜最适宜的发芽温度为28℃，20℃以下时发芽缓慢。生长适温18~24℃，开花结果适温26~30℃。

引蔓上架后要把下面多余的侧蔓摘除，以利于通风透光，中后期一般不进行摘蔓。在雌花出现前，应适当控制肥水，以防徒长。

一般在花后 8~12 天瓜成熟时采收，此时瓜身饱满，果柄光滑，瓜身稍重，手握瓜尾部摇动有震动感。以后每采收 1~2 次，追肥 1 次。丝瓜花谢后 40 天果实将完全成熟。选取健壮、结果部位低、产量高的植株上的壮实大瓜作为留种瓜。等瓜完全枯黄时摘下，将种子晾晒 2~3 天，然后放在干燥通风的地方，等待来年种植。成熟丝瓜纤维发达，可入药，称为"丝瓜络"。

◎种植方法：

①单行种植，穴距为 30~50 厘米，每穴播种 2 粒，深度为 1~2 厘米，种粒平放，播后覆土，浇透水。

②播后给土面盖干草，以保温保湿，1 周后出苗。

③苗期每周追薄肥 1 次。

④当蔓长达 50 厘米左右时，开始搭 2 米高的棚架。

⑤开花后要施重肥，可用花生麸、人畜粪开沟施于畦两边。

⑥盛收期可用鸡粪重施于畦两边，同时注意摘除过密的老黄叶和多余的雄花。

 苦瓜

◎播种时间：3~4 月。

◎品种特点：苦瓜喜温，耐热，不耐寒，在南方夏秋的高温季节仍能生长。喜光不耐阴。喜湿，但不耐积水，要时常保持土壤湿润。耐肥不耐瘠，对土壤要求不高。

◎种植贴士：苦瓜发芽适温 30~33℃，20℃以下发芽缓慢。枝叶生长适温 20~30℃。开花授粉期适温 25℃左右，结瓜期生长适温 15~30℃。

定植后 7 天左右可施用浓度为 10% 的腐熟肥料，以后每隔 5~7 天施一次，且浓度逐渐加大，待至开花结果时，肥料浓度可增加到 30% 左右。结果期将距离地面 50 厘米以下的侧蔓及过密和衰老的枝叶摘除。主蔓长到 1.5 米要及时摘心。

苦瓜一般在花谢后 15 天左右，苦瓜表面肉瘤展开时采收。采收期间的需水量较大，应每天浇水 1~2 次。苦瓜喜肥，每收 1 次瓜后追肥 1 次，可以延长采收期。

心仪的苦瓜品种，可以自留种子。选择生长健壮，无病虫害，结瓜多，瓜形端正，具有本品种特征的植株作留种株。留种株上要选择瓜型好、生长快的 2~3 个瓜作种瓜，其余嫩瓜及早摘除。种瓜表皮裂开或发红时取出种子，用清水洗去红色种瓤，然后把种子摊开阴干，贮存于通风干爽处。

◎种植方法：

①用 50~60℃温水浸种 15 分钟，边浸边搅拌，待水温降至室温后再继续浸 12 小时，然后置于 25~30℃下催芽，约 2 天后即可发芽。

②用一个育苗碗装上育苗土，用手指在土面上戳一些小洞，每洞放入 1 粒种子，播后用 1 厘米厚的土覆盖，并注意淋水，直至幼苗出土为止。

③3~5 天后，苦瓜嫩黄的芽就开始破土而出。

④2 片真叶时，可以分苗到营养钵中，等到气温稳定后再定植。

⑤5~6片真叶时选晴天上午进行定植，每株间距50厘米。

⑥适当浇水，一般每隔2~3天浇水1次。开花后可进行人工授粉。

瓠子

◎播种时间：3月上中旬至4月中下旬。

◎品种特点：瓠子喜温，不耐寒。对光照条件要求高，在光照充足的条件下，产量高，病害少。不耐旱也不耐涝，不耐贫瘠，应注意补充水肥。土壤以富含腐殖质、保水保肥能力强的壤土或黏壤土为宜。

◎种植贴士：瓠子种子15℃开始发芽，用40℃温水浸种24小时，催芽后再进行播种，30~35℃时发芽最快，生长适温为20~25℃。

幼苗期不要浇太多水，快速生长期可结合灌水追肥，开花结果期要适当减少浇水，见干见湿。

一般花谢后15天，瓠子表皮变硬、颜色变浅即可收获。尽早收获头茬果实有利于后面果实生长。每收获1次需追肥1次。须注意，苦的瓠子不可食用，会引起食物中毒；留种时，若发现苦瓠子，应及早拔除该植株，杜绝花粉的传播。

从花谢至充分老熟需70~80天，时间较长，应在健壮植株上选结瓜早、节间密、瓜形大小一致、形状整齐、具有本品种特性、无病株上的第二瓜作种，每株以留1个瓜为度。当皮色黄褐、果

皮坚硬时剪下，悬挂晾干或取出种子晒干，贮存备用。

◎**种植方法：**

①用 40℃温水浸种 24 小时，捞出后用湿纱布包好放在 25~28℃的地方催芽，出芽 60% 左右即可播种。

②采用穴播，行穴距为 30 厘米 ×50 厘米，每穴播种 2 粒，深度为 2~3 厘米。将催好芽的种子，芽眼朝下放好，播后用土将穴覆盖并浇水。

③适当浇水，但不能过涝，一般 1 周即出苗。

④等到 3~4 片真叶时摘心。

⑤在主蔓长到 30 厘米左右时，结合灌水，施 1 次有机肥。

⑥在主蔓长到 50 厘米左右时，为瓠子搭一个简易的棚架，让其匍匐在架上生长，节约地面空间。

⑦花开后可以实施人工授粉，以保证坐果。

 南瓜

◎**播种时间**：春播 1~3 月，秋播 7~8 月，春植采用育苗移栽方式，秋植采用直播方式。

◎**品种特点**：南瓜喜温，但夏季高温生长易受阻，结果停歇。对光照强度要求比较严格，在充足光照下生长健壮，但在高温季节要适当遮阴。具有很强的耐旱能力。喜肥，尤其喜厩肥和堆肥等有机肥料。对土壤要求不严格，以沙壤土为佳。

◎**种植贴士**：南瓜种子在 13℃以上开始发芽，发芽适温 25~30℃。生长适温 18~32℃，开花结瓜温度不能低于 15℃。果实发育适温 25~30℃。

南瓜需肥量较大，打顶后追 1 次有机肥，果实膨大期再追 1 次有机肥。对于多余的雄花，未开时就直接摘除，一般每藤结 2 个瓜后就要打顶。

南瓜以收老瓜为主，花谢 40 天后可采收。也可根据需要适当提前或推迟收获。除了南瓜外，南瓜的嫩茎节、嫩叶片和嫩叶柄，以及嫩花茎、花苞均可食用，但采收次数不宜太多，否则会影响南瓜的生长。南瓜完全成熟后表皮变硬，可挖出种子，洗净晾干保存。

◎种植方法：

①用清水浸种 4 小时，浸后淘洗干净，放在温度 20~25℃的地方催芽，上覆湿纱布。每天淘洗 1 次，待种子裂嘴后播种。

②采用穴播，穴距为 50~80 厘米，每穴播种 2 粒，深度为 2~3 厘米，播后用土将穴覆盖并浇水。

③北方寒冷地区播种后需盖膜保温，以防霜害，霜期过后揭膜。花盆里的南瓜可以套上塑料袋或移到室内保温，一般 1 周即出苗。

④在 5~6 片真叶时打顶，选留 2~3 条健壮且粗细均匀的子蔓；或留主蔓，再选留 1~2 条健壮的子蔓，其余侧蔓均须摘除。

⑤南瓜开花期遇高温或多雨，易发生授粉不良，应当进行人工辅助授粉。

冬瓜

◎播种时间：2~4 月。

◎品种特点：冬瓜耐热性强，怕寒冷，不耐霜冻。喜光，每天至少需 10~12 小时的光照才能满足需要。喜水、怕涝、耐旱，果实膨大期需消耗大量水分。对土壤要求不太严格，适应性广，以肥沃疏松、透水透气性良好的沙壤土为佳。喜肥，氮、磷、钾肥都需要。

◎种植贴士：发芽适温 30~35℃，在茎叶生长和开花结果期，以 25~30℃为宜。

冬瓜生长需较充足的肥料，除施足基肥外，还要根据冬瓜"前轻、后重"由淡到浓的原则，适时、适量追肥。尤其是结瓜后，施肥要以氮、磷、钾相结合，不偏施氮肥。需长期保持湿润而不干旱，采收前 10 天要控制水分，以利贮藏。为集中养分供应，结瓜后应把同一枝条上再长出的雌花摘除，并进行打顶。

当冬瓜个头停止膨大，表皮变硬，用指甲不能轻松掐破时，即可采收。食用时挖出种子洗净晾干，留待来年种植即可。

◎种植方法：

①将种子用温水浸泡 5~6 小时，捞起放在 30℃左右环境下催芽。

②种子露出白芽后播种，采用穴播，间距 3~5 厘米，每穴 1 粒，播后浇透水。

③当气温稳定在 15℃以上时，选晴天进行定植，每畦植 1 行，株距 60~70 厘米。

④缓苗期后应及时追肥。

⑤定植后待苗高 50~60 厘米时即搭架引蔓。

⑥在冬瓜开花前追肥 1 次，并及时灌水。

⑦开花后及时进行人工授粉，并摘除所有侧蔓。

⑧幼果期、果实膨大期分别追肥 1 次。

★ 种植随笔：集万千宠爱于一身的芽苗菜

说起芽苗菜，你可能觉得陌生，但是说起豆芽，那便无人不知，无人不晓了。其实芽苗菜是所有可食用的植物种子萌发的嫩芽，不仅包括最常见的黄豆芽和绿豆芽，还包括花生芽、豌豆芽、小麦芽、小白菜芽、芝麻芽、萝卜芽、玉米芽等。总之，只要是你能想到的，并且味道和口感能被接受的植物，都可以自己在家种植芽苗菜。

芽苗菜可以说是集万千宠爱于一身，营养价值极高。大家都知道，种子是大多数植物的生命之源，一粒小小的种子可以长成参天大树，也可以开出姹紫嫣红

的花朵，它所蕴含的能量是非常神奇的。因此，芽苗菜蕴含着丰富的营养物质，尤其是维生素和矿物质的含量，比我们常吃的番茄、黄瓜等蔬菜高出很多。

　　芽苗菜既可以种植在土壤中，也可以进行无土栽培。通过种植十几种芽苗菜，我总结出最简单、成功率也比较高的方法：最适宜种植芽苗菜的温度在15~30℃。首先将种子浸泡在常温的水中4~6小时，然后将种子下面垫上湿润的纱布，放在塑料筐中，每天进行喷水处理保持纱布湿润，但是不要积水。早、晚可以将整个筐子拿到流动的水下进行冲淋。大多数芽苗菜在整个种植过程中是完全避光的，可以放在黑屋子里，或者用箱子、黑塑料袋等罩住。少数芽苗菜见光后营养更高，如小麦芽、豌豆芽等，可以在收获前2~3天让其见光，颜色会由嫩黄色转变为绿色，这是由于子叶见到阳光后会产生叶绿素。芽苗菜一般7~10天就可以收获。

　　芽苗菜的整株都可以食用，根部不需要去除，洗净之后炒、煮、涮、做馅皆可。如果芽苗菜长得老了，口感不够脆嫩的时候，可以用来榨汁饮用，不仅风味独特，而且保留了原生态的营养成分，如小麦芽与黄豆一起榨汁，做成麦芽味的豆浆，别有一番风味。

三、进阶级——形色各异的新特品种瓜果

　　瓜果类蔬菜属于葫芦科。葫芦科是世界上最重要的食用植物科之一，其重要性仅次于禾本科（除了荞麦以外，几乎所有的粮食都属于禾本科，如小麦、稻子、玉米、大麦、高粱等）、豆科（大豆、花生、蚕豆、豌豆、红豆、绿豆、豇豆、

四季豆和扁豆等）和茄科（土豆、辣椒、茄子和番茄等）。葫芦科共有118属845种植物可供食用或观赏。大多数为匍地或以卷须攀缘的一年或多年生草本植物，原产于温带及热带，不耐霜或不能生长于冷土中。我国栽培的瓜类有十余种，分别属于南瓜、丝瓜、冬瓜、葫芦、西瓜、黄瓜、佛手瓜、栝楼和苦瓜九个属。

豆类

▲ 无架豇豆

▲ 紫豇豆

▲ 紫四季豆

南瓜类

南瓜类蔬菜包括葫芦科南瓜属的各式南瓜、西葫芦和笋瓜。南瓜品种繁多，外观变化多样、色彩丰富，是所有瓜果类蔬菜中外貌最为多样者。按照瓜的形状，有长条形、鸡腿形、纺锤形、扁圆形等，从皮色上看也各有不同，有墨绿、黄红、橙红及绿皮上散生黄红斑点等不同颜色。

▲金瓜

▲砍瓜

▲脐金瓜

▲京红栗

▲橘瓜

▲甜蜜小南瓜

▲黄珍珠西葫芦

▲香蕉西葫芦

 丝瓜类

▲青首白玉丝瓜

▲棱丝瓜

 黄瓜类

▲柠檬黄瓜

▲地老虎黄瓜

▲白马王子黄瓜

葫芦类

▲食用葫芦

▲观赏葫芦

栝楼类

栝楼类包括葫芦科栝楼属的蛇瓜、老鼠瓜等。

▲老鼠瓜

▲蛇瓜

▲蛇瓜花

人人都爱的茄果类

茄果类蔬菜包含的种类并不多，一般分为番茄、辣椒和茄子三大类，其中番茄是全世界栽培最为普遍的蔬菜之一，深受人们的喜爱，而辣椒、茄子也是人们餐桌上必不可少的蔬菜。茄科蔬菜喜温暖气候，广泛分布于全世界温带及热带地区，其中南美洲为最大的分布中心，且种类最多。

▌ 茄果类蔬菜"课程表" ▌

阶段	分类	特点	代表品种
初级	常见的茄果	生长期较长，产量高，采摘期较长，营养价值高	大番茄、辣椒、茄子
中级	有趣的茄果	形态颜色各异，融趣味性、观赏性和食用性于一体，营养价值高且风味独特。种植难度较普通茄果稍高	微型番茄（红圣女、红珍珠、黄圣女、黄洋梨、紫圣女、紫珍珠）、特色辣椒（扣子椒、朝天椒、紫朝天椒、尖椒、南韩金塔、超级二金条、线椒、海椒、台湾红灯笼辣椒、红甜椒、黄甜椒）、黄秋葵、红秋葵、黄姑娘
进阶级	奇妙的茄果	具鲜明的品种特色，形态颜色各异，食用性与观赏性兼备，种植难度较普通茄果稍高	特色番茄（小蒂姆番茄、黑番茄、羞涩番茄、柠檬糖番茄、黄一点红番茄、绿一点红番茄、红五彩番茄、黄五彩番茄、绿五彩番茄、紫五彩番茄）、观赏椒（白玉椒、七姊妹椒、紫花五彩椒、白花五彩椒、珍珠椒、蟠桃椒、南瓜椒）、新特辣椒（鬼椒、风铃椒、黄灯笼椒、黄色牙买加、哈瓦那辣椒、螺丝椒）、各类茄子（紫线茄、浅紫圆茄、浅紫长茄、紫红长茄、白茄、绿圆茄、绿长茄、长金银茄、圆金银茄）

一、初级——常见的茄果

大番茄

◎**播种时间**：多以春番茄为主，3~5月播种。

◎**品种特点**：番茄喜温，不耐霜冻。结果期对日照要求较高，每天至少8小时。成株比较耐旱，但在开花结果的时候，需要充足的水。不需要太多的氮肥，需要多施一些磷肥和钾肥，以促进根系生长和开花结果。土壤应选用土层深厚，排水良好，富含有机质的壤土或沙壤土。

◎**种植贴士**：番茄品种很多，按生长习性可分有限生长型和无限生长型两类，有限生长型长到一定高度就不会再长高，一般植株较矮，开花结果集中，适于密植，也比较适合家庭种植。

番茄发芽适温25~30℃，最低发芽温度12℃。生长适温15~28℃。长时间低于15℃，会导致不能开花或受精不良。

番茄果实大部分变红时就可以采摘，若尚有青色，则在室温下放置两天就能完全转红。若完全变红后还未采摘，果实会自行落下烂掉，因此适时采摘很重要。采收时连果柄一起轻轻摘下，不要用力拉扯以免伤及枝干。留种的番茄须等到果实完全红透后，再取出种子洗

净晾干保存。

◎种植方法：

①先将种子用温水浸泡 6~8 小时，使种子充分膨胀，然后放置在 25~30℃条件下催芽 2~3 天。

②在育苗碗里每隔 2 厘米撒 1 粒种子，播种后覆盖厚度约 1 厘米的细土并浇透水，早春播种时还需要套上 1 个塑料袋保温。

③幼芽开始顶土出苗时，如果因覆土过薄，出现小苗裸根的现象，应立即再覆土 1 厘米厚。

④番茄刚刚长出真叶，就可以移到单独的育苗钵（黑色营养钵或一次性塑料杯均可），每隔 7~10 天喷液肥 1 次。

⑤4~5 片叶时摘心 1 次，分支长出后只留 2~3 根主枝，其余的芽要一律抹掉。

⑥当番茄带有花蕾时，选择晴天的上午定植。栽苗的深度以不埋过子叶为准，适当深栽可促进根系生长。定植行株距为 50 厘米 ×30 厘米，直径 20 厘米左右的花盆一般只定植 1 棵。

⑦番茄定植成活后就需要用棍子立支架，长到 60 厘米高时要对主枝摘心，花开后进行人工授粉。

⑧第一个果穗开始膨大时，施用有机液肥，以后每隔 10 天追肥 1 次。

辣椒

◎播种时间：北方 4~5 月，南方 3~4 月。

◎品种特点：辣椒喜温，不耐霜冻。喜光，要求充足光照。喜水，但不耐涝。

喜肥，苗期需提供充足氮肥，花果期需增施磷钾肥。土壤以土质疏松、肥力较好的沙壤土为佳。

◎种植贴士：辣椒品种繁多，大部分的辣椒都有辣味，也有少部分辣味很淡或没有辣味，例如菜椒、甜椒等。普通辣椒一般株型中等偏大，果实较大，呈绿色牛角形或鸡心形，成熟后变为红色，辣度中等。

辣椒发芽适温 25~30℃，超过 35℃ 或低于 10℃ 都不能发芽。生长适温 20~30℃，开花结果期温度不能低于 10℃。

一般情况下，辣椒合理剪枝可增产 15%~20%。 剪枝时间以在夏季高温期间为宜，一般在第一茬果实已采摘完的 7 月下旬至 8 月上旬进行。剪枝时大枝保留 10~20 厘米，以上分枝应全部剪掉。剪枝时要使用比较锋利的修枝剪刀，切忌用手直接折枝，并同时顺手剪去病虫枝、下垂枝、折断枝。剪枝后，要注意追肥，并及时清除杂草。

一般花谢后 2~3 周，果实充分膨大、色泽青绿时就可采收，采摘时注意连果柄一起摘下，这样保存的时间会比较长。辣椒可以持续收获 5 个月，如果需要自留种子，应选择结在中部、个大、饱满、无病虫害的果实取种，待其变红时就可以进行采摘。采摘下的红辣椒肉可以食用，种子放在太阳下晒干储藏即可。

◎种植方法：

①将种子在阳光下暴晒 2 天，然后用 25~30℃ 的温水浸泡 12 小时。

②将种子均匀洒到育苗碗里，再覆盖一层 0.5~1 厘米厚的细土，然后浇足水。

③ 70% 小苗拱土后，要趁叶面没有水时向苗床撒 0.5 厘米厚细土，可以防止苗倒根露。

④当幼苗长至 5 片以上真叶时，即可定植，定植行株距 40 厘米 ×30 厘米，直径 20 厘米的花盆每盆只定植 1 棵。

⑤在定植 15 天后追施 1 次粪肥及少量磷肥，并结合中耕培土，此后可每 10 天左右浇 1 次粪水，花开后到坐果期间适当减少浇水量。

 茄子

◎播种时间：北方 4~5 月，南方 3~4 月。

◎品种特点：茄子喜温，不耐霜冻，喜阳光。喜湿润，对水分需求较大。茄子非常吃肥，不但需要氮肥，还要多施用磷肥和钾肥。喜欢有机质含量高、透气好的壤土或黏壤土。

◎种植贴士：茄子生长适温 20~30℃，低于 20℃时，果实发育不良，生育缓慢，容易引起落花，5℃以下则出现冷害。

茄子从开花到果实成熟约需 20 天，当果实饱满、表皮有光泽时即可采收。从果实成熟至种子成熟约再需 30 天。成熟果实的上半部分无种子，下半部分才有种子，将种子洗净晾干保存即可。

在一茬果实收获后的 7 月底至 8 月上旬，将茄子老枝条大部分剪掉，只留植株的基部和大枝，大枝仅保留 20~30 厘米。剪枝后一般 40 天就可采摘一批再生茄子，肥水管理得当的可收获到 11 月份（霜降）。

要警惕"烂茄子"（茄子绵疫病）的发生，如高温高湿，雨后暴晴天气，

植株密度过大，偏施氮肥等，都会加重此病。预防"烂茄子"要注意不能与茄科植物连作；田间尽量不要积水或过湿，夏季可以在株行间盖草，以降低地温；注意整枝摘叶，增加通风采光。

◎种植方法：

①将种子用细土拌匀后均匀撒于土面，低温时要覆膜，高温时要遮阴，保持土壤湿润直至发芽。

②苗期保持土壤湿润即可，待长至5~6片真叶时定植，行株距50厘米×30厘米，20厘米的花盆每盆只定植1棵。

③茄子定植成活后需要用棍子树立支架，1株茄子只留2~3根主枝，其余的芽要一律抹掉。长到30~40厘米高时要对主枝摘心，并追施1次腐熟有机肥，其后视长势施肥，约每月1次。

④开花至挂果时增加施肥次数，约每10天施1次，以磷、钾肥为主，每次采收后要施肥1次。

⑤挂果期应保持土壤湿润，忌忽干忽湿，一般在傍晚浇水。最好让果实自然下垂生长，最下部的果实可以摘除，以免接触土壤易烂。

二、中级——有趣的茄果

微型番茄

◎**播种时间**：大部分地区于春季 3~5 月播种，南方春秋两季均可。

◎**品种特点**：属喜温性蔬菜。喜阳光，多数品种在 11~13 小时的日照下开花较早，且果实成熟更快。若光照不足，则青果迟迟不能转红成熟。半耐旱，幼苗期为避免徒长和发生病害，应适当控制浇水，但进入结果期后，需要增加水分供应。一般春、秋季每 2 天浇 1 次水，夏季则早晚各 1 次。需肥量较大，除基肥外，需多次追施有机肥。肥料以为氮肥为主，开花结果期增施磷、钾肥。对土壤要求不严格，适应能力较强，最适宜在土层深厚、排水良好、富含有机质的肥沃土壤中生长。但尽量避免种植在排水不良的黏壤土中，否则易造成生长不良。

◎**种植贴士**：微型番茄在不同生长时期对温度的要求也各不相同。生长适温为 10~25℃，开花结果的适宜温度是 15~30℃。低于 10℃生长

速度缓慢，5℃以下停下生长。温度高于30℃，生长缓慢，温度达35℃时，不能坐果。如果在较冷的春季播种，可覆上一层透明薄膜，待发芽后掀开。

微型番茄一般是播种后1个半月到2个月开花结果，成功坐果后需要1个多月的时间让果实膨大和成熟，由此可以根据播种时间推算结果期。因此，尽量避免在7~8月的高温天气和寒冷的冬天结果，因为夏天气温超过30℃时容易出现落花落果的现象，而冬季打霜后，番茄植株就会枯萎死亡。

选购微型番茄种子的渠道非常多，一般在农资店购买的种子质量较有保障，选购时还应根据个人的喜好选择高产、抗病、适应性强的品种。

若盆栽微型番茄，则每棵番茄的间距不能少于15厘米。番茄的根系发达，根可伸展到土层的30厘米处，所以选择较深的盆更适合番茄的成长。当番茄苗长到出现"Y"字形分枝时可把其余的侧芽摘除，只留2个强壮分枝，分枝上长的侧芽也应及时摘除掉。对于无限生长型的品种一般每秆留5个花序后可打顶，生长条件非常好的可适当增加。不定期地摘掉一些老叶子可避免消耗太多的营养，同时还可以加强通风。若在封闭阳台内种植，则需要轻轻震动花朵辅助授粉。一莛果实差不多收获完了，可把"Y"字形分枝约10厘米以上的地方剪去，这样新芽就能很快长起来，并再次结果。

为防招虫和患病，可每隔半个月左右往叶面叶底喷1次米醋兑100倍水的液体；另外，还可以套种几棵小葱，既能防虫，还能让番茄的口感更好。

◎种植方法：详见"番茄的种植方法"。

 特色辣椒

◎播种时间：北方4~5月种植，南方3~4月或8~9月种植，但以春季种植为最佳。

◎品种特点：属喜温作物，喜光，除发芽阶段，其他生育阶段都要求有充足的光照。良好的光照条件，是培育壮苗的必要条件，对以后的产量会产生很大的

影响，结果后充足的光照也有利于果实成熟变色。喜水，但不耐涝。需肥量大，耐肥力强。施肥以氮肥为主，播种前需埋入基肥，快速生长期每15天随水追施1次腐熟的粪肥，开花结果期需加施磷、钾肥。喜土层深厚肥沃，富含有机质和透气性良好的沙壤土。

◎种植贴士：特色辣椒种子发芽的适温为20~25℃，温度超过30℃或低于10℃都不能发芽。生长发育的适宜温度为20~38℃，果实发育适温为25~28℃。低于15℃生长发育完全停止，持续低于5℃则植株可能受害，0℃时植株很易产生冻害。不耐炎热，白天温度升到35℃以上时，易落花不易结果。

对水分的把握要求较高，端午前后要及时排除过多雨水；夏季高温，每天早晚要各浇1次水；在开花期，浇水不宜过多过勤；果实发育和成熟期，应保持土壤湿润；盆栽辣椒一般晴天每天浇水1次即可，切忌根部积水。苗高10厘米时就进行1次摘心，以促进侧枝生长，一般保留3~5个侧枝，底部老叶、黄叶也应及时去除。

花后10~15天即可收获，老嫩均可。

◎种植方法：详见"辣椒的种植方法"。

黄秋葵

◎播种时间：露地栽培，4~6月播种，7~10月收获。

◎品种特点：黄秋葵喜温暖，怕严寒，耐热力强。要求光照时间长，光照充足。耐旱、耐湿，但不耐涝，开花坐果期要经常浇水，保持土壤湿润。在生长前期以

氮肥为主，中后期需磷、钾肥较多。以土层深厚、疏松肥沃、排水良好的壤土或沙壤土较宜。

◎种植贴士：当气温高于15℃，黄秋葵种子即可发芽。生长适温25~30℃。

定苗后应经常中耕除草，并进行培土，以防止植株倒伏。

当果实长到长度5厘米以上时，即可采摘。黄秋葵果实很容易变老变硬，这时口感就较差了，因此要及早采摘，

▲红秋葵，种植方法与黄秋葵相同

宁嫩勿老。留种的果实成熟后，会呈现出黄白色花纹，并于棱角交接处开裂，这时就可以采收留种了。

◎种植方法：

①播种前将土地深耕20~30厘米，施足基肥。

②播种前用20~25℃温水浸种12小时，然后沥干，包在湿润的纱布中，于25~30℃条件下催芽48小时，待一半种子露白时即可播种。

③按行株距80厘米×50厘米挖穴，先浇足底水，每穴播种2~3粒，覆土2~3厘米厚。约7天出苗。

④第一片真叶展开时进行第一次间苗，去掉病残弱苗，并供应充足水分。

⑤当有2~3片真叶展开时定苗，每穴留1株壮苗，并追肥1次。

⑥开花坐果期要经常浇水，并追肥1次。

黄姑娘

◎播种时间：3月下旬至4月上旬。

◎品种特点：黄姑娘性喜高温，不耐霜冻。因为幼苗耐低温能力较弱，所以露地生长时间不能过早，而必须在晚霜过后方可栽植。对光照比较敏感，需要充足的光照。光照不足时，植株徒长而细弱，产量下降，浆果着色差，品味不佳。前期需水较多，后期需水较少。需施足底肥，勤加追肥。底肥以施氮肥为主，磷、钾肥为辅，追肥以施磷、钾肥为主，氮肥为辅，以促果实提早成熟。对土壤要求不严，但以土层深厚肥沃，富含有机质和透气性良好的沙壤土为佳。前茬不能种植过茄果类蔬菜。

◎种植贴士：黄姑娘在30℃左右发芽迅速；幼苗生长期适温为20~25℃，夜间不低于17℃；开花结果期以白天20~25℃、夜间不低于15℃为宜，否则容易引起落花落果。气温10℃以下植株停止生长，0℃以下植株受冻。

尽量种植在南面向阳的地方，种植间距不能少于20厘米，结果期要及时整枝疏叶。浆果开始成熟前期，枝叶和果实同时生长，需水较多，每天需要浇水保持土壤湿润，当浆果大量成熟时，则要减少浇水量。

◎种植方法：

①用50℃左右的温水，一边倒水一边搅拌，待水温降到30℃左右为止，然后置于室温下。浸种期间每隔8~10小时换1次30℃左右的温水，浸种20~24小时。

②用湿布将种子包好，在 20~25℃条件下催芽。每天翻动 2 次，并用温清水淘洗，3~4 天即可出芽。

③将土地深耕 25~30 厘米并施足基肥，再将土面耙平。

④播种宜选无风的晴天下午进行。在平整的床面上浇足底水，再按照 10 厘米的间距点播催好芽的种子，每穴 2~3 粒，随后覆细干土 0.5~1 厘米厚。覆土后加盖一层清洁的塑料膜，待幼苗顶土时除去。

⑤出苗前应密封保温、增温促进幼苗迅速出土，无需浇水，1 周后可出苗。

⑥待长出 2~3 片真叶时进行间苗，每穴留 1 株壮苗。

⑦株高 10 厘米左右时，按照行距 40 厘米，株距 30 厘米定植并追肥。

⑧定植 2 个月左右开始开花结果，果实外层的苞片变黄即可采摘。成熟果实可以剥出种子，将其洗净晒干放在阴凉干燥处，待来年再行种植。

★种植随笔：这些年，我们一起种过的菜

这些年，我们一起种过的菜，就像那些年，我们一起追过的女孩一样，令人时而酸涩，时而甜蜜，时而捧腹，时而垂首，令人欲罢不能。

从天台到阳台再到大田、庭院甚至室内，凡是可以种菜的场所都被我尝试了个遍，各个蔬菜品种的种植乐趣，也都好好领略了一番。个中滋味，非菜友不能体会也。

种菜十多年，正如学子的十年寒窗，本地常种的蔬菜品种（俗称大路货），是小学课程；外地蔬菜品种、盆栽蔬菜、芽苗菜是中学课程；而新特蔬菜的种植，则是继续深造的大学课程。

"小学课程"属于基础知识，"一年级"了解土壤、水分、肥料相关知识以及种植的基本步骤，"二年级"之后则以"实验课"为主，亲自动手，进步飞快。一般从春播的叶类菜开始

比较好，最简单的就是小白菜、生菜之类的速生绿叶菜：长得快，几乎一天一个样，种起来有成就感；方法简单，播种、浇水、施肥、收获四步即可。

接下来，就是瓜果根茎类蔬菜，它们的种植相对复杂，过程较长，但乐趣也相当多。尤其是蔬果的丰产期，想到第二天一早，果儿又长大了一圈，那心情，用"睡着了都能笑醒"来形容一点也不为过。我种植的豇豆，最让我自豪，一排排一串串，简直就是一片瀑布，蔚为壮观。

到了"初中"的盆栽蔬菜、芽苗菜，由于种植条件有限，因此要比普通土地种植的蔬菜稍稍多费点心。盆栽蔬菜，除了可以提供食用，还具有很强的观赏性，有时候会让人忘记它是一盆菜，即便到了采摘的季节，也不忍下手。

引进外地蔬菜品种，则属于"让人欢喜让人忧"的"高中"学科。我尝试种植过福建芥蓝、安徽黄心乌、随州泡泡青等多种特色蔬菜，都获得了成功。尤其是泡泡青，每次只要端上餐桌，被抢光的就是它。

上了"大学"之后，各类"选修"的新特蔬菜让我目不暇接。一想到种植特菜，心里就特高兴。一是可以学到更多的蔬菜种植技术，二是我的菜园将会更加灿烂多彩，三是可以交到更多志同道合的菜友。

我种植过的特菜，全部加起来不下百种。光是辣椒，就有五彩椒、白玉、七姊妹、南瓜椒、灯笼椒、哈瓦那、超级二金条、朝天椒等十几个品种。微型番茄中，我则是将黄圣女、红圣女、袖珍番茄、黄一点红、黄洋梨、绿五彩、红五彩、黑番茄种了个遍。我最喜欢将不同品种的同类蔬菜一起播种，再来一一做比较，就好像我成了班主任，精心培养了很多学生，虽然长势不一，但对于我来说，"手心手背都是肉"，从来只有鼓励与安慰，没有责备与惩罚。家人已经习惯我经常对着一棵菜自言自语："小黄（黄五彩番茄），你和小红（红五彩番茄）是同一天播种，为什么它都结果了，你还不开花呢？是不是需要我给你开点小灶（多施点肥）呀？"又或者抬头望天，一脸无奈地说："今年的雨水怎么这么少呢？"

在种植过程中，除了为蔬菜拍下靓照存档以备随时欣赏外，我还将它们留种作为"种过"的最好诠释。尤其是新特蔬菜，由于品种特殊，得来不易，所以更害怕品种丢失。于我而言，留种远比种植与收获麻烦得多。耗时长、占地方不说，如何保持"血统"的纯正，真是让人头疼的大问题。

某年为了拍各种蔬菜的花姿，把大白菜、小白菜、红菜薹、白菜薹、雪里蕻等蔬菜全留了种，结果第二年一种，红菜薹中有绿秆子的，白菜薹里有红秆子的，雪里蕻变成了大宽叶，虽然是不多的个体，但是花样百出。看来，如果自己留种，一定要做好隔离工作才行。

三、进阶级——奇妙的茄果世界

番茄类

番茄类是茄科番茄属的蔬菜，包括大小、颜色、形状各异的各种特色番茄。

▲紫珍珠

▲黑番茄

▲红圣女番茄

▲红五彩番茄

▲ 黄五彩番茄

▲ 黄洋梨番茄

▲ 黄一点红番茄

▲ 小蒂姆番茄

▲ 羞涩番茄

▲ 红珍珠番茄

▲ 黄圣女番茄

辣椒类

　　辣椒类是茄科辣椒属的蔬菜，一些如樱桃般大小的袖珍辣椒和簇生的辣椒，既可以食用，又适宜盆栽观赏。按照果实的大小和形状，可将观赏辣椒分为：樱桃类辣椒，如扣子椒、珍珠椒等；圆锥类辣椒，如鸡心椒、五彩椒等；簇生类辣椒，如蟠桃椒、七姊妹、朝天椒。

▲珍珠椒

▲白玉椒

▲超级二金条

▲朝天椒

▲哈瓦那辣椒

▲红灯笼椒

▲红线椒

▲黄灯笼椒

▲南瓜椒

▲五彩椒

▲五彩美人椒

▲风铃椒

茄子类

普通茄子颜色多为紫色或紫黑色，这里的特色茄子是指白色、青色和紫红色的茄子。它们颜色多样，形状有长条形、圆形、梨形等，给人新鲜、奇趣之感。

▲ 紫圆茄

▲ 白茄

▲ 金银茄

▲ 绿茄

▲ 浅紫茄

第五章

让这些蔬菜点缀你的菜园

有这样一些蔬菜，它们或许并不是你餐桌上的主角，但因为有了它们，却让我们的生活和餐桌都鲜活生动起来，它们有的拥有独特的口感，有的具有令人难忘的气味，有的则美丽得令人无法想象。它们就是调味类蔬菜、香草和食用花类。

▌ 调味类、香草和花类蔬菜 "课程表" ▌

阶段	分类	特点	代表品种
初级	常见的调味类蔬菜	占地小，收获期长，种植简单，采收方便	小葱、青蒜、韭菜、茴香、生姜等
中级	为你菜园增香的香草类	形态美丽，香味特殊，令人难忘，种植简单	罗勒、薄荷、紫苏、荆芥等
进阶级	可以食用的美丽花儿	美丽动人，口味独特，有独特的药用价值	黄花、露草、金银花、紫云英、益母草、紫花地丁、二月兰、景天三七等

一、初级——常见的调味类蔬菜

 小葱

◎**播种时间**：家庭种植多采用分株法。全年可种，3~4 月或 9~10 月为佳。

◎**品种特点**：小葱喜温暖、半阴、凉爽、通风、湿润的环境。夏天要遮阳防晒，冬天要防冻保暖。土不宜过干，冬季休眠须少浇水不施肥，其他季节则适量浇水施肥。喜疏松、肥沃、富含腐殖质的沙壤土或壤土。

◎**种植贴士**：小葱的适宜生长温度是 12~25℃，温度较低或较高均会导致长势缓慢。

每半个月左右追施些液肥即可，可以持续采收到冬季来临。

采收时对每一株丛拔收一部分分蘖，留下另一部分继续生长，待生长繁茂后再采收。小葱是多年生蔬菜，如果暂不采收，可以让它们继续生长。较少结籽，一般不自留种子。

◎**种植方法**：

①购买或从大田里挖一丛带根的小葱，用手将株丛掰开，一般 3~4 根分为一簇。

②在花盆里埋入一点干鸡粪，然后装土，并将带根小葱一簇簇栽好，每簇间距为 5~7 厘米。种好后浇透水，放在荫蔽的地方，注意保持土壤湿润。

③缓苗后即可正常浇水施肥。

④1~2 个月后，小葱的株丛比较繁茂时，可根据需要收获。

青蒜

◎**播种时间**：除了炎热的夏季和寒冷的严冬，几乎一年四季可种，以春秋播种为最佳。

◎**品种特点**：大蒜喜冷凉气候，弱光条件适宜蒜苗生长，强光易老。浇水应见干见湿，施肥应少量多次。对土壤种类要求不严，但以富含腐殖质的肥沃壤土最好。

◎**种植贴士**：青蒜发芽的适温为 3~5℃，幼苗期最适温度为 12~16℃。

采收时用剪刀在距离土面 2 厘米深的地方将蒜苗剪下，2 天后就会重新发出新芽，20 天后又能收获了。收获一茬后，必须追肥 1~2 次，这样下一茬蒜苗才会长得好。蒜苗最多可收获 3 次。

青蒜用蒜头繁殖，故应选择叶片浓绿、根系好、无病虫害、个大、壮实的蒜头做种。采收时间一般在抽薹后（及时掐掉花薹）25~30 天为宜。采后摊晒 2~3 天，然后挂在通风阴凉处保存。

◎**种植方法**：

①将大蒜头晒 2 天，剥皮掰瓣，去掉大蒜的托盘和茎盘，选择洁白肥大、无病无伤的蒜瓣作为种蒜，不要剥掉蒜衣。

②将蒜头尖头朝上埋入土中，只留出少许尖头，然后浇透水。

③3 天后，大蒜长出了 1 厘米长的芽，随水施 1 次薄肥，每 2~3 天浇 1 次水。

④15 天时，大蒜苗已经长到 15~20 厘米高了，可随时采收。

韭菜

◎栽种时间：韭菜可以播种也可以用老根来栽种。播种一般在4月进行，老根分株则春秋都可以。

◎品种特点：韭菜耐寒性强，要求中等强度的光照，较耐旱。喜肥，尤以速效性氮肥最好，但同时应保证磷、钾肥充足。对土壤要求不太严格，最适宜种植在富含有机质，土层深厚，保水保肥能力强的壤土上。

◎种植贴士：韭菜发芽适温8~15℃，生长适温12~24℃，不耐高温，长时间0℃易受冻；韭菜还可以采用老根移栽的方法繁殖，种植方法与小葱相同，但是韭菜根在市场上买不到，多半需从朋友或当地农民手中获得。

收获时，用干净的剪刀在距根部2厘米处将韭菜剪下，每次收获后，待新叶长出2~3厘米时再浇水施肥。韭菜可以收割多次，但以春天第一次收割的"头韭"品质最佳，营养最丰富。每年的5~10月是韭菜的花期，花后待种子外露，颜色变深即可收获。

◎种植方法：

①将韭菜籽均匀地撒在土里，不要太密，播后撒1厘米厚细土均匀地盖住种子并浇透水。

②保持土壤湿润，约1周发芽。

③长到3~5片叶子的时候，需要追肥1次。

④韭菜长到15厘米高，植株比较繁茂即可采收。

茴香

◎**种植时间**：南方分春播（3~5月）和秋播（8~9月），北方只能春播。在南方，茴香可宿根越冬，成为多年生植物，可分株繁殖。

◎**品种特点**：茴香性喜温暖，耐热、耐寒能力强，喜阳光充足的环境，喜湿怕涝，在中等肥沃的沙壤土中生长较好。施足基肥的情况下，可不用追肥或少追肥。

◎**种植贴士**：茴香种子发芽的适宜温度为20~25℃，生长适宜温度为15~20℃，可耐-4℃低温和35℃高温。

茴香可多次收获，收割留茬，待新芽长出后进行追肥、浇水，还可以收割2次。夏季因天气炎热，采收的产品质量较差。茴香也可以多年生栽培，但在冬季需要一定的保护措施，以利越冬。

9月中下旬开始可陆续收获茴香种子作调味料，以淡绿色为上等。留种茴香要晚收7~10天，等果实成熟时，割取全株，晒干后打下果实，去净杂质。选择籽粒饱满的种子，充分风干后，保存在干燥的环境中，以备来年种植。

◎**种植方法**：

①将种子浸泡24小时，然后揉搓种子并淘洗数遍至水清为止，将种子包在湿布里，放在16~23℃下催芽，待80%种子露白即可播种。

②在土里施足基肥，并先浇底水，待水渗下后再均匀撒播，并覆0.5厘米厚薄土。

③播种后要注意勤浇小水，保持畦面湿润，7天左右即可出苗。

④幼苗出土后，生长缓慢，田间易滋生杂草，需注意及时除草。苗期不可过

多浇水，可保持畦面见干见湿。

⑤苗高5厘米时，可结合除草间苗，苗距5~6厘米。当植株高达10厘米以上时，浇水宜勤，并结合浇水追肥1次。

⑥株高达25厘米左右时，即可收获。

生姜

◎**播种时间**：3~5月均可，温度高、催芽后可早播，不催芽则晚播。

◎**品种特点**：姜喜温暖湿润的环境条件，喜弱光，不耐强光，在强光下，叶片容易枯萎。忌连作。对水分要求严格，既不耐旱也不耐湿，受旱则茎叶枯萎，生长不良；高温高湿，排水不良则易致病害。需肥量大，除施足基肥外，应及时追肥。宜选择坡地和稍阴的地块栽培。以深厚、疏松、肥沃、排水良好的沙壤土为宜。

◎**种植贴士**：生姜于16℃以上开始萌芽，幼苗生长适温20~25℃，茎叶生长适温25~28℃，15℃以下停止生长。

选择姜块肥大丰满、皮色光亮、肉质新鲜、质地硬、具有1~2个壮芽、重约50克、无病害的老姜作种姜为好。播种前先晒2~3天，待姜块表面发亮时即可。若需催芽，即将生姜堆放以后，用稻草覆盖进行保温催芽，其间喷小水保持湿润，温度控制在20~25℃，当姜芽长到1厘米时即可播种。

夏季生长期需要进行遮阴，遮阴方法很多，可以搭棚遮阴，也可与高秆作物玉米进行间作。

采收后的生姜放在阴凉通风处晾3~5天，然后放在细沙中储存，沙子要稍微湿润

为好，过湿则易使生姜发霉腐烂。

◎种植方法：

①播种实行条播，行距35~40厘米，株距25~30厘米，沟深10~20厘米，将底肥放入沟内与土壤混匀。

②播前1小时左右浇底水，使土壤湿润，再将姜块水平放在沟内，使幼芽保持向上，并用手轻轻按入泥中，覆湿润细土约5厘米厚。

③生姜生长期长，应采取施足基肥、多次追肥的原则。当苗高30厘米左右、具1~2个分枝时，或立秋前后以及地下根茎膨大时，分别进行追肥。

④为防止根茎露出地面，表皮变厚，品质变劣，要进行培土，一般结合浇水施肥进行2~3次培土，每次培土3厘米厚左右。

⑤一般在10~12月茎叶枯黄时采收，挖取地下根状茎，去掉茎叶、须根。

洋葱

◎播种时间：一般在9月中旬播种。

◎品种特点：洋葱耐寒、喜湿、喜肥，不耐高温、强光、干旱和贫瘠。在营养生长期，要求凉爽的气温，中等强度的光照，疏松、肥沃、保水力强的土壤，较低的空气湿度，较高的土壤湿度。夏季高温长日照时则进入休眠期。

◎种植贴士：洋葱种子发芽较慢，可以直接购买洋葱苗定植。

从苗高10厘米开始，可陆续摘取洋葱叶食用。鳞茎采收一般在5月底至6月上旬进行。在采收前7~10天不再浇水，当洋葱叶片由下而上逐渐开始变黄，

管状叶变软时，即可选择晴天进行采收。采收后要在田间晾晒 2~3 天。如需贮藏的洋葱，则不去茎叶，当叶片晾晒至七八成干时，可把茎叶编成辫子，悬挂在通风、阴凉、干燥处。

洋葱可以自留种，秋栽洋葱在"大暑"前后采种，春栽洋葱在"处暑"前后采种。当花球顶部少数蒴果变黄开裂露出黑色种子时，待露水干后连花薹剪下，晾晒（防止暴晒）后熟。阴干几天，搓下种子，再适当晒干后干燥贮藏。

◎种植方法：

①先在苗床浇足底水，待渗透后撒一薄层细土，撒播种子，然后再覆土 1.5 厘米厚。

②播种后一定要保持苗床湿润，一般 7~10 天出苗。

③幼苗期结合浇水进行追肥，以促进幼苗生长。当幼苗发出 1~2 片真叶时，要及时除草，保持苗距 3~4 厘米。

④当苗高 10 厘米即定植，行距 15~18 厘米，株距 10~13 厘米，定植深度以不埋心叶、不倒苗为度，浇水以不倒苗、畦面不积水为好。

⑤定植后进入越冬期，需少浇水，不施肥。

⑥春季返青时浇 1 次透水，此后每周浇水 1 次，并随水施薄肥。

二、中级——为菜园增香的香草类蔬菜

罗勒

◎播种时间：南方 3~4 月播种，北方 4 月下旬至 5 月播种。

◎品种特点：罗勒又名九层塔、金不换，全草有强烈的香味，香味很像丁香、松针的综合体。罗勒嫩叶可食，许多人将罗勒叶作为调

味蔬菜，能除腥气，亦可泡茶饮，有驱风、提神、健胃及发汗作用。

罗勒喜温，不耐寒。喜光，不耐阴。耐旱怕涝。肥料以基肥为主，追肥为辅，生长期需氮肥较多，花果期适当追施磷、钾肥。土壤以土层深厚、潮湿、富含有机质的壤土为佳。

◎种植贴士：罗勒品种繁多，是一个庞大的家族。一般而言会散发出如丁香般的芳香，有的则略带薄荷味，或稍甜或带点辣味，香味随品种不同而不同。目前，较为受欢迎的有甜罗勒、紫罗勒、绿罗勒、密生罗勒、丁香罗勒、柠檬罗勒等。

罗勒发芽适温15~25℃，最适生长温度为25~30℃。8~10℃即停止生长，0℃左右全株逐渐枯萎。

株高15厘米以上即可不定期采摘嫩叶食用，罗勒叶可以一直采摘到种子成熟。但是要注意需均匀采摘，不要只摘一边。药用罗勒茎叶在7~8月采收，割取全草，晒干即可。若需留种，则在8~9月种子成熟时收割全草，在太阳下晒两三天，打下种子筛去杂质即成。

◎种植方法：

①将新鲜饱满的罗勒种子用50℃水浸泡20分钟，自然冷却后再浸泡10小时。

②捞出充分吸水的罗勒种子，洗去表面的黏液，沥至半干，将种子用湿毛巾或纱布包好，放在 25℃ 左右的温度下进行催芽。

③当大部分种子露白时，选择晴天的上午，将种子均匀撒在育苗碗里，然后盖上 1 厘米厚的土并浇透水。

④ 3 天后，罗勒就会出苗。

⑤当苗高 3~5 厘米时进行间苗，并追肥 1 次。

⑥当苗高 8 厘米左右，可按照 15 厘米 ×15 厘米的行株距定植，开花前摘心 1 次。

 紫苏

◎播种时间：3 月末至 4 月初露地播种或育苗。

◎品种特点：紫苏为唇形花科一年生草本植物，原产中国，约有近 2000 年的种植历史。其富含胡萝卜素、维生素 C 及维生素 B_2，有助于维持人体免疫功能，增强抗病防病能力。全株均可入药。

紫苏性喜温暖。喜光照，较耐阴。较耐湿，不耐干旱。对肥料需求较多，应多施基肥，并在生长期进行多次追肥。适合排水良好的疏松肥沃的沙壤土或壤土。

◎种植贴士：紫苏叶片有紫色和绿色两种，绿色紫苏又名绿苏。按叶形可分为两个变种，即皱叶紫苏和尖叶紫苏。皱叶紫苏又名鸡冠紫苏、红紫苏，叶片紫色，大而多皱，叶柄紫色，茎秆外皮紫色，分枝较多。尖叶紫苏又名野生紫苏、白紫苏，叶片长椭圆形，叶面平而多茸毛，绿色，叶柄茎秆绿色，分枝较少。

紫苏种子在地温 5℃ 以上时即可萌发，发芽适温 18~23℃。生长和开花适温

22~28℃。

菜用紫苏，可随时采摘叶片，采摘可一直持续到开花结果。作药用的苏叶，于秋季种子成熟时，即割下果穗，留下的叶和梗另放阴凉处阴干后收藏。种子晾晒 7~10 天，脱粒后放在阴凉干燥处保存。

◎种植方法：

①将种子在 40℃温水中浸 20 分钟，使种子外壳软化后，再在常温中浸 2 小时捞起沥干，用 5 倍细沙拌匀后准备播种。

②播种前苗床要施足基肥，浇足底水，再将种子均匀撒播于床面，盖一层见不到种子颗粒的薄土，然后均匀撒些稻草覆盖，以保温保湿，经 7~10 天即发芽出苗。

③发芽后注意及时揭除覆盖物，及时间苗，一般间苗 3 次，以达到不拥挤为标准，苗距约 5 厘米左右，最后 1 次间苗时需追肥 1 次。

④紫苏具有 4~6 片真叶时即可定植，行株距 30 厘米 ×25 厘米。

⑤在整个生长期，要求保持土壤湿润，利于植株快速生长。每 10~15 天追肥 1 次，株高 15 厘米时摘心。

薄荷

◎种植时间：薄荷的分株繁殖简单易行，一年四季均可，以春季为佳，尽量避免酷热和严寒季节。

◎品种特点：薄荷又名苏薄荷、水薄荷、鱼香草。薄荷叶的清香能够缓解紧

张的情绪，并且帮助人们从疲劳的状态下释放出来，有利于改善睡眠质量，提神醒脑。经常食用或饮用薄荷，可以促进全身血液通畅，强身健脾，增强体质。

薄荷喜温，喜光照。苗期需多浇水，花期则喜干燥。施肥以氮肥为主，薄肥勤施，除基肥外，还需追肥2~3次。对土壤要求不严，以疏松肥沃、排水良好的沙壤土为佳。

◎种植贴士：薄荷是芳香植物的代表，品种很多，每种都具有清凉的香味，花色有白、粉、淡紫等，主要品种有胡椒薄荷、绿薄荷及留兰香薄荷等。胡椒薄荷属杂交种，栽培历史悠久，被广泛利用于泡茶、泡咖啡及烹调；绿薄荷（荷兰薄荷）香味浓，是世界最通用的品种；留兰香薄荷被广泛应用于化妆品、牙膏、口香糖等，但不作药用。

薄荷根茎在5~6℃就可萌发出苗，生长适宜温度为20~30℃，0℃时地上部分即枯萎，根比较耐寒，-30℃仍能越冬。

薄荷叶一年四季都可采摘，而以气候适宜的4~8月产量最高，品质最佳。开花不影响收获。药用薄荷一般每年采收2次，第一次是在小暑节气前5~6天，叶正茂盛，花还未开放时，割取地上部分；第二次是在秋分至寒露间，花朵盛开，叶未凋落时。药用薄荷以第二次采收的为最好。两次采收的茎叶可洗净、切断、晒干，放瓮中防失香气或被霉蛀，供全年药用。

薄荷属多年生植物，根系发达，每年春季结合翻盆换土，即可分离出大量新的植株。

◎种植方法：

①选择没有病虫害的健壮母株，使其匍匐茎与地面紧密接触，浇水、施肥2次。待茎节产生不定根后，将每一节剪开，就是1株秧苗。

②施腐熟有机肥作基肥，深翻土地，耙平整细。将薄荷苗按照行株距15厘米×10厘米定植在土里。

③定植后浇透水，缓苗后及时中耕除草，每20天追肥1次。

④秋季应逐渐减少浇水施肥，为越冬作准备。若冬季有保暖设备，则地上茎叶可常绿常收。

荆芥

◎**种植时间**：春、夏、秋三季均可种植，春播于3~4月上旬，夏播于6~7月，秋播于8~9月。

◎**品种特点**：荆芥又名假苏、姜芥，是一种具有特殊芳香的调味类蔬菜，与罗勒、紫苏同属于唇型花科。荆芥香气浓郁、味道鲜美，不但是上佳的调味品，还具有解表散风的作用，常用于治疗流行感冒、头疼寒热、呕吐等病症。

荆芥喜温暖，不耐寒。喜光，不耐阴。耐旱怕涝，苗期需经常浇水。应多施基肥，需氮肥较多，花果期适当追施磷、钾肥。以

土层深厚、潮湿、富含有机质的沙壤土栽培为佳。

◎**种植贴士**：荆芥种子发芽适温为15~20℃，生长适温为15~30℃，冬季霜后枯死。

荆芥嫩苗和嫩叶可随用随采，植株最高能长到1米，可一直收获到10月结果后。秋季初霜前一次性收获完毕。

一次性收获前，在田间选择株壮、枝繁、穗多而密、无病虫害的单株做种株。当种子充分成熟，籽粒饱满，呈深褐色或棕褐色时采收，晾干脱粒，去除杂质，放在干燥阴凉处保存。

◎种植方法：

①将土地深耕 25 厘米左右，并施足基肥。

②按行距 20~25 厘米开 0.6 厘米深的浅沟。将种子用温水浸泡 4~8 小时后与 3 倍细沙拌匀，再将种子均匀播撒于沟内，覆土耙平，稍加镇压并浇透水。

③保持土壤湿润，约 1 周后出苗，注意保持土壤湿润。

④苗高 6~7 厘米时，按株距 5 厘米间苗，间下的嫩苗可以食用。

⑤苗高 15 厘米左右时，即可按株距 15 厘米间拔采收。

★种植随笔：娃和菜，你更爱哪一个

不得不说，养娃和种菜有异曲同工之妙。

种子在发芽以前，就好比孕育的过程，满是期待，又有点忐忑；刚发芽时，欣欣雀跃，心情正如初为父母；幼嫩的菜苗，就像婴儿一样需要悉心的呵护；每次施肥，就像给孩子们加餐；看到菜菜们苗壮成长，就好比看到孩子们又长高了；至于收获时的喜悦，那心情只有孩子得了满分时才可比拟……

孩子影响着我们的喜怒哀乐，而菜，则时时牵动我们的心。新手上路，有必要逛逛书店，买上几本指导用书，也免不了上几个论坛，听听大家的建议，然后摩拳擦掌准备大干一场。闹过把野草当菜苗的笑话，经历过倒春寒突袭后菜苗全军覆没的悲恸，尝试过第一次给蔬菜授粉时的紧张……所有新鲜的，你没有体验和尝试过的事物，在种菜的过程中都能一一体会。

不论是养娃还是种菜，这都是生命中特别的经历，无论结果如何，享受其中的过程，比什么都重要。养娃和种菜的区别就在于，孩子的成长，是一个不可逆的过程，而蔬菜经历过一个生命轮回只需要一季或者一年，这一季的遗憾，下一季可以弥补，这一季的过失，下一季就能避免。而孩子成长过程中陪伴和爱的缺失，却不一定有机会来补偿，因此，花更多的时间去陪伴你的孩子吧！如果你非要问我，娃和菜，我更爱哪一个？嘻嘻，去朋友圈看看我晒的娃和菜同框的照片吧！

三、进阶级——可以食用的花卉

黄花菜

◎**种植时间**：春秋两季皆可。栽植黄花菜最好采用分株繁植的方法。

◎**品种特点**：黄花菜又名金针菜、忘忧草、萱草花，以花蕾供食用，是一种营养价值高、具有多种保健功能的珍品花卉蔬菜，常吃黄花菜能延缓衰老、提高免疫力、滋润皮肤。其植株同时还极具观赏性。

黄花菜喜温暖，不耐寒，遇霜后地上部分即枯死。较喜光，花期需充足光照。喜水，抽薹前需水较少，见干见湿即可，抽薹后要求土壤湿润，盛花期需水量最大。较耐贫瘠，施肥宜氮、磷、钾合理搭配。以土质疏松、土层深厚的沙壤土或偏沙壤土种植为佳。

◎**种植贴士**：黄花菜生长适温 15~20℃。

黄花菜花蕾以将开未开时采摘最好，盛开的次之，开败就没有采摘必要，剪下扔掉即可，采摘时间宜在中午之前。每隔 1 周追施磷肥和钾肥。黄花菜可持续收获到寒露之前，当枝叶全部枯黄，要齐地割掉，并烧掉枯草、烂叶，在根部施足越冬肥，浇透越冬水，为顺利越冬做准备。整个冬季除了少量浇水外，不要施肥。待春季萌发出新芽后再浇水施肥。

每隔 3 年左右，就要一次性拔除老根，换土重新种植小芽。

◎种植方法：

①黄花菜是多年生作物，定植前要施足基肥。可在栽植前先开 30 厘米深的定植沟，顺沟施入厩肥，再铺放表层熟土。

②从生长 2 年以上的健壮黄花上分蘖根，每根带 2~3 个芽。

③按照行距 50 厘米，穴距 40 厘米，每穴 2 株进行栽种。栽后将土踩实，让小芽露出地表 1 厘米，并浇透水。

④黄花菜出苗后到花薹抽出前，追肥 1 次。夏季高温时注意浇水保湿。

 露草

◎种植时间：春季（4~6 月）和秋季（8~9 月）为佳。

◎品种特点：露草又名心叶冰花、食用穿心莲，其叶片肥厚，叶色翠绿，花色玫红，观赏性佳。露草含有丰富的叶黄素，对人体各个脏器有很好的保健作用，还能够预防眼睛发生黄斑病变和白内障。同时，它作为一种含有穿心莲酯的苦味蔬菜，可以清火解毒。

露草喜温暖，忌高温，较耐寒。喜光照，一年中除盛夏需适当遮阴外，其他时间都应给予充足的光照。喜湿怕涝，秋冬要减少浇水。较喜肥，生长期和采收期还应根据生长情况追肥。喜排水良好、疏松肥沃的沙壤土。

◎种植贴士：露草生长适宜温度为 15~25℃，5℃以上可露地越冬。露草开花后很少结籽，多用扦插法繁殖，省时又简便。

当嫩枝生长至 20 厘米以上时即可掐去嫩梢食用，采收时在基部留 5 厘米即可。每次采收后，结合浇水追肥，并经常保持土壤湿润，可持续收获到 10~11 月。开花不影响收获。

作观赏用时，应进行摘心，促进侧枝萌发，并减少嫩梢的采摘。

◎种植方法：

①剪取 7~10 厘米的嫩枝作插穗，除去下部，扦插在黄沙中。扦插深度以 2~3 厘米为宜，扦插后浇足水。

②保持适当的湿度，接受 50%~60% 的日照，经 30~40 天可发根成苗。

③待根群生长旺盛后，可定植到大田或花盆中。土壤要施足基肥，定植行穴距为 30 厘米 ×25 厘米，每穴 2~3 株。若花盆种植，1 个直径 15 厘米的花盆中定植 3~5 株。

④定植成活后加以摘心以促使分枝及开花，此时追肥 1 次。

金银花

◎种植时间：一年四季均可扦插，但以春秋两季扦插的成活率要高一些。

◎品种特点：金银花一名出自《本草纲目》，由于其花初开为白色，后转为黄色，故而得名。金银花自古被誉为清热解毒的良药。它性甘寒、气芳香，清热而不伤胃，芳香透达又可祛邪。金银花既能宣散风热，还善清解血毒，用于各种

热性病，对身热、发疹、发斑、热毒疮痈、咽喉肿痛等症，均效果显著。

金银花适应性很强，喜阳光和温和、湿润的环境，生活力强，适应性广，耐寒，耐旱，在荫蔽处生长不良。对土壤要求不严，但以湿润、肥沃的深厚沙质壤土生长最佳，每年春夏 2 次发梢。根系繁密发达，萌蘖性强，茎蔓着地即能生根。

◎种植贴士：金银花能抗 -30℃低

温，故又名忍冬花。3℃以下生长缓慢，5℃以上萌芽抽枝，16℃以上新梢生长快，20℃左右花蕾生长发育快。

扦插枝条要选当年生健壮、直条的，每个扦插枝条一般留2~3个节，只留上面1节的2片叶，其他的叶片剪去。如果在春天扦插，叶片间很快会有新芽萌生，但是并没有生根，此时不能放松管理。有的朋友喜欢经常将扦插的枝条拔出来看，如果发现扦插枝条下部有一瘤状物（类似根瘤菌的样子），虽然没有生根，但这样的枝条就已经成活。

金银花的修剪非常重要，因为它总是在新枝上萌发花蕾，所以开过花的枝条要大刀阔斧地剪掉，并于越冬前再进行1次重剪。主枝一般不超过2米，对于新枝条中的弱枝、病枝、不开花的枝条也要一并剪掉。

合理及时地施肥也是促花的重要环节。冬季可在旁边埋入一些干鸡粪或饼肥，并在每次修剪后，浇1次稀释后的液体肥，但需注意施肥后第二天要及时浇水。

最佳采收时间是清晨和上午，此时采收花蕾不易开放，养分足、气味浓、颜色好。下午采收应在太阳落山以前结束，因为金银花的开放受光照制约，落日后成熟花蕾就要开放，影响质量。花蕾以肥大、色青白、干净者为佳，洗净后可直接作为配菜炒食。可择晴天早晨露水刚干时摘取花蕾，待通风阴干后泡茶饮用。

◎种植方法：

①扦插土要选用疏松透气、排水良好、有一定肥力的沙壤土为宜，将剪好的枝条斜插进土中，深度为枝条的1/2即可，并稍按实。

②插后浇透水，之后保持土壤湿润，放在通风又没有阳光直射的地方，约半个月后可以生根。

③生根后及时放在室外晒太阳，扦插的幼苗尽量不施肥，未生根前只能浇清水，生根后尽快移植为佳。

④盆栽金银花要种植在直径20厘米以上的花盆中，刚移植或换盆的金银花

不要施肥。

⑤若作爬藤植物种植，则需要搭架子供其攀爬。

益母草

◎**种植时间**：一般多采用种子直播繁殖，3~10月均可播种，以4~6月最佳。

◎**品种特点**：益母草别名益母蒿、红花艾，原名茺蔚、坤草，始载于《神农本草经》，全草入药，具有活血化瘀、调经利水、祛瘀生新、消肿止痛之功效，为妇科经产之圣药，故得"益母"之名。益母草嫩茎叶含有蛋白质、碳水化合物及多种微量元素等多种营养成分，其性微寒、味辛苦，能养颜美容，抗衰防老。

益母草喜温暖环境，较耐严寒。喜光照，充足光照能让益母草生长发育良好，药用效果更佳。喜湿润、怕积涝，平时需要充足的水分条件，一般每周浇水2~4次。雨季雨水集中时，要防止积水，应注意适时排水。施肥以氮肥为主，薄肥勤施，除基肥外，生长期和采收期还应根据生长情况追肥。一般土壤均可栽种，但以土层深厚、富含腐殖质的壤土及排水好的沙壤土栽培为宜。

◎**种植贴士**：益母草种子的发芽温度为15~40℃，但在30~35℃时萌发最早，发芽率最高。其适宜生长温度为20~30℃，5℃以上可露地越冬。

菜用益母草可根据需要摘取嫩

梢、嫩叶。药用益母草在夏、秋时节植株开花 70% 左右时收获，将全株拔起，洗净泥土，及时晒干存放。

益母草的食用方法很多，不但可用来治病，还可以搭配其他食材，做出美味菜肴。上汤益母草，是益母草最常见的烹饪方法，将益母草鲜叶和皮蛋、瘦肉、蘑菇、枸杞等一起煮食，味道鲜美清香，有益肾活血、通经止痛之功效。益母草与鸭肾、薏仁同煲，可带出益母草独特的香草味，而在湿气重的季节，薏仁与益母草，一个去湿气，一个清热去滞，是令人一身轻松的良菜。此外，早餐常吃益母草红糖水煮荷包蛋，对女性朋友的痛经有很好疗效。但要注意，孕妇禁食益母草。

◎种植方法：

①先整地做畦并施足基肥，行距 20~30 厘米，开 1~2 厘米深的浅沟，将种子均匀撒在沟内，覆土推平浇水。

②保持土壤湿润，15 天左右即可出苗。当苗高 5~10 厘米时，按株距 10~15 厘米定苗，并适时松土除草，小水勤浇。若作盆栽观赏，可依据盆径的大小，以每盆 3~5 株为宜。

③当植株开始抽茎开花时，要追施 1~3 次充分腐熟的液肥。盆栽植株应放置在通风、朝阳的环境中养护，并保持盆土湿润，不可使盆土长期干旱缺水，每 20 天左右追施稀薄的腐熟液肥，方能保证植株生长茂盛，花开不断。

④留种株须在秋后种子成熟后采收，晒干，放在阴凉通风处保存，以备来年种植。

景天三七

◎种植时间：景天三七育苗期长达 120 天，一般不用播种法，而用扦插法繁育。扦插以春季（3~5月）和秋季（8~9月）为佳。

◎品种特点：景天三七别名费菜、救心菜，兼具园林用途、食用价值和药用价值。既可作为花卉盆栽或吊栽，用以调节空气湿度，点缀平台庭院，又是

一种保健蔬菜，嫩叶和嫩梢均可鲜食。具有养心、平肝、降血压、降血脂，防止或延缓血管硬化等功效，经常食用能增强人体免疫力，对心脏病、高血压、高血脂、肝炎等有较好的疗效，是一种理想的保健蔬菜。

景天三七喜温暖，较耐寒。喜光照，阳光充足情况下长势旺盛。对水分要求不高，既耐干旱又耐涝，一般每周浇水 2~3 次。较喜肥，生长期和采收期还应根据生长情况追肥，以粪肥为主，草木灰为辅。对土壤要求不严格，以沙壤土和腐殖质壤土生长较好。

◎种植贴士：景天三七生长适温 20~25℃，能耐短时的 -5℃低温，但长期低温会影响第二年的生长，因此南方地区露地栽培的，冬季气温在 0~5℃时，要用薄膜或草帘覆盖，以避霜雪，盆栽的可移到向南的屋檐下。北方地区则应搬进温室或温棚内越冬。

田地栽培的景天三七要每年添新土并做好土壤消毒。用旧土种植生长差，易烂根。虽是多年生植物，但景天三七种植 1 年后，第二年便长势衰弱，最好重新扦插或分株。

景天三七无苦味，口感好，采下洗净可直接素炒，配肉、蛋、食用菌炒均可，还可涮火锅、炖菜、做汤、凉拌。凉拌前需焯水，再加上佐料即可食用，其颜色鲜绿，脆嫩爽滑，会令食欲大增，饭都要多吃几碗，故又名费菜。

◎种植方法：

①剪取 8~10 厘米的嫩枝作插穗，留上端 5~6 片叶，扦插在黄沙中，扦插深度以 2~3 厘米为宜。扦插后浇足水，上盖薄膜，置于半阴处。

②每天向叶面喷水 1~2 次，保持空气相对湿度 90% 左右，温度 25℃。7~10 天即可生根。

③生根 20~30 天后即可移栽定植，定植在施好基肥的土壤中，定植行穴距为

30 厘米 ×25 厘米，每穴 2~3 株。花盆种植时，可适当密植。

④当嫩枝生长至 20 厘米时即可采收，采收时在基部留 3~5 厘米即可。每次收割后，结合浇水施粪肥和少量磷钾肥，并保持土壤湿润。一年可收获 3~5 次，开花不影响收获。

🔖 紫云英

◎种植时间：9~11 月上旬均可播种，但适当早播能使其在越冬前有足够的分枝，产量较高。

◎品种特点：紫云英又名翘摇、红花草，原产中国。其根、全草和种子可入药，有祛风明目、健脾益气、解毒止痛之效。紫云英还是我国主要蜜源植物之一。

紫云英喜温暖湿润条件，有一定耐寒能力，幼苗耐阴力强，生长期也能耐阴，但开花结荚期需要充足的光照。对水分要求较高，怕旱又怕渍。对肥力要求不高，生长期可随水施 2~3 次液肥。对土壤要求不严，以质地偏轻的沙壤土或壤土为宜。

◎种植贴士：紫云英种子萌发的适宜温度为 15~25℃，低于 5℃或高于 30℃时发芽困难。它早期生长慢，后期生长快，春天平均 10~15℃时生长很快。开花结荚的最适温度为 13~20℃。

由于紫云英种皮硬，不易吸水发芽，所以播前要先擦种。可用坚硬的物品碾压到种皮有花痕即可，如种子量少，可用细沙和种子混合搓擦，将种子表皮上的蜡质擦掉，以提高种子吸水力和发芽率。

鲜嫩的紫云英苗可以食用，可清炒，亦可做汤。

紫云英的开花期一般为 30~40 天，果荚从开花至变黑，一般需 20~30 天，种子可作药用。

◎种植方法：

①将种子与 3 倍细沙混合后，均匀撒播在土地里，并浇透水。

②发芽后要保持土壤湿润但不积水。苗期生长较缓慢，入冬前施肥 1 次，南方可露地过冬。

③开春后随温度上升生长速度逐渐加快，在现蕾期以后迅速增加，始花到盛花期的生长速度最快，此时可经常收获，并适当追肥 2~3 次。

④紫云英还是重要的有机肥料资源，种植紫云英，能改善土壤结构，提高土壤肥力。作绿肥的紫云英可在盛花期收割，先就地砍碎，晾晒一两天后即可翻耕入土。

⑤留种的紫云英，当种荚大部分成熟后要及时收获。过迟采收，则种子过熟，往往会引起后代早花，即种性退化，而且种荚易爆裂使种子脱落。收种时要选择晴天，宜在早上露水未干时收获，一般可整株砍割，摊开晒干脱粒。

紫花地丁

◎种植时间：春播 3 月上中旬，秋播 8 月上旬。

◎品种特点：别名野堇菜、光瓣堇菜等，为多年生草本植物，花果期 4 月中下旬至 9 月。具有清热解毒，凉血消肿的功效。紫花地丁花期早且集中，植株低矮，生长整齐，株丛紧密，适宜作为环境美化植物。盆栽紫花地丁可用于窗台、书桌、

台架等室内布置，也可制作成盆景。

紫花地丁性喜温暖的环境，较耐寒，南方可露地越冬。生性强健，喜半阴的环境，在半阴条件下表现出较强的竞争性，但在阳光下和较干燥的地方也能生长，在阳光下可与许多低矮的草本植物共生。喜湿润的环境，较耐旱。耐贫瘠，对肥料要求不高。对土壤要求不严，一般壤土均可种植。

◎种植贴士：紫花地丁种子发芽适温为 15~25℃，生长适温 8~20℃。

除播种外，还可采用分株法繁殖，分株在生长季节都可进行，但在夏季分株时需注意遮阴。春季进行分株会影响开花，雨季移植易成活且不影响第二年开花。

成片种植的紫花地丁在种子成熟后可不用采集，任其随风洒落，自然繁殖，几个月后又可花开满园。

◎种植方法：

①紫花地丁种子细小，一般采用穴盘播种育苗。床土一般用 2 份园土、2 份腐叶土、1 份细沙混合而成。

②采用撒播法，混合 3 倍细沙将种子均匀地撒在浇透水的床土上，撒种后用细筛筛过的细土覆盖，覆盖厚度以不见种子为宜。

③播种后约 1 周出苗。

④小苗出齐后要加强管理，特别要控制温度以防徒长，此时光照要充足，保持土壤稍干燥。

⑤当小苗长出第一片真叶时开始分苗，移苗时根系要舒展，底水要浇透。可适量施用腐熟的有机肥液促进幼苗生长。

⑥当苗长至 5 片叶以上时即可定植，行株距为 10 厘米 ×10 厘米。移栽尽量带土球移植，成活率高。

▲白花地丁

⑦注意拔除杂草，生长旺季一般10天左右随水施1次有机肥，雨季注意排水。

⑧菜用紫花地丁可将幼苗或嫩茎采下，用沸水焯一下，换清水浸泡3分钟后炒食、做汤、和面蒸食或煮菜粥。

⑨花后30天左右种子成熟，将其晒干后放在干燥通风处贮藏。

二月兰

◎**种植时间**：8月份为播种最佳适期，不能晚于9月上旬，晚播苗小不易越冬。

◎**品种特点**：二月兰又名诸葛菜，因农历二月前后开始开蓝紫色花，故名。二月兰冬季绿叶葱翠，早春花开成片，柔美悦目，花期长，是较好的观赏花卉。其嫩叶和茎可食，种子收集在一起可以用于榨油。其嫩茎叶生长量较大，营养丰富，采后只需用开水焯一下，去掉苦味即可食用，有清热解毒、消肿散结的功效。

二月兰喜凉爽气候，耐寒，冬季如遇重霜及下雪，有些叶片虽然也会受冻，但早春照样能萌发新叶。对光照要求不严，耐阴性强，在具有一定散射光的情况下就可以正常生长，阳光充足的环境下则更为健壮。耐干旱，适宜种植在坡地。较喜肥，可多次追肥。对土壤要求不高，一般园土均能生长。

◎种植贴士：温度管理可以较为粗放，最适宜生长和开花的温度在 15~25 ℃；虽然耐寒，但是北方冬季霜冻较重，还是要采取一定的保温越冬措施。

二月兰喜肥，肥力充足不仅会使其生长更快，还会促进开花结果，

一般每年施肥 4 次，分别是花芽萌发时、花凋谢后、结果时和入冬前。盆栽二月兰，可选用 6 份园土、2 份珍珠岩、1 份草木灰配成的营养土种植。

二月兰具有较强的自繁能力，1 次播种能自成群落，5~6 月种子成熟后自行落入土中发芽出苗。幼苗越冬，来年春季开花，夏季结籽，年年延续。

◎种植方法：

①将播种地块翻耕、靶平、整细。

②可采用撒播和条播 2 种方式，条播行距 15~20 厘米，撒播的播后要翻土掩埋，播种深度为 1~2 厘米。无论哪种方式播种后都要靶平，并将土压实。

③播种后要保持土壤湿润，若气温过高，可覆盖稻草等降温，保证出苗。

④出苗后和春季应及时拔除杂草，对于不均匀的地方要及时补种或移栽补苗。

⑤苗高 15 厘米左右即可采摘嫩茎叶食用。

⑥种子 5~6 月成熟，果实成熟后会自然开裂，应及时采收。

第六章

土里那些不起眼的根类菜

有些蔬菜，它们藏在土里，闷声不响，一朝出土，也是其貌不扬，但它们却以独特的营养价值和口感得到人们的喜爱，它们就是土里的"黄金"——根类蔬菜。

▌ 根类蔬菜"课程表" ▌

阶段	分类	特点	代表品种
初级	常见的根类蔬菜	占地小，种植方法简单	萝卜、胡萝卜、土豆、甘薯等
中级	这些杂粮也能自己种	较占地方，若肥水得当，产量相当可观	山药、芋头、凉薯、花生等

• 一、初级——常见的根类蔬菜 •

 萝卜

◎**播种时间**：根据品种和地点播种，以 8~10月秋播为主，部分生长期短的萝卜可以3~4月春播。

◎**品种特点**：萝卜属半耐寒性蔬菜，喜冷凉。要求中等光照，高温长日照易抽薹。喜湿，不耐干旱又怕涝，要保持水分均匀供应。施肥应以缓效性有机肥为主，并注意氮、磷、钾的配合。在土层深厚，富含有机质，保水和排水良好的沙壤土上生长良好。

◎**种植贴士**：我国萝卜品种资源丰富，按栽培季节可分为秋冬萝卜（夏末秋初播种，秋末冬初收获，多为大中型品种，产量高，品质好）、冬春萝卜（南方栽培较多，晚秋播种，露地越冬，翌年2~3月收获，耐寒性强，不易空心，抽薹迟）、春夏萝卜（3~4月播种，5~6月收获，产量低，供应期短，栽培不当易抽薹）和四季萝卜（肉质根小，生长期短，较耐寒，适应性强，抽薹迟，四季皆可种植）4 种类型

2~3℃时萝卜种子开始发芽，发芽适温 20~25℃，叶片生长适温 5~25℃，肉质根生长适温 13~18℃。

萝卜嫩叶可以作为绿叶菜食用，是

较好的粗纤维健康食品。

肉质根充分膨大，叶色转淡渐变黄绿时，为收获适期，可根据长势，收大留小，收密留稀，但收获最迟不能迟于抽薹或气温降到 0℃后。拔出萝卜后，老叶可以做成腌菜或泡菜，风味独特。

留种时选择健壮，具备本品种特征的植株作为留种株。当果实变黄，种子变为黄褐色时即可收割，后熟晒干后进行脱粒干燥保存。

施用了未经腐熟发酵的肥料，会导致萝卜黑皮黑心。土壤含水量偏高、通气不良或是土壤忽干忽湿则容易造成多根裂根。土壤干旱过久时，萝卜肉质根发生糠心，便造成品质下降。萝卜味苦主要是生长期间天气炎热，或施用氮肥过多、磷肥不足造成。所以应尽量避免在高温季节种植萝卜，并且要均衡施肥。

◎种植方法：

①选用新鲜健康的种子，用清水浸泡 12 小时。

②采取穴播，行穴距 15 厘米 ×7 厘米，每穴摆放 2~3 粒种子，再用细土覆盖种 1 厘米厚，并浇透水。

③1 周后出苗。如果发现有的穴没有发芽，此时应立即补种。

④当生出 2 片真叶时，间苗 1 次，每穴只留 1 株壮苗，间苗后追肥 1 次。

⑤肉质根开始膨大，土面开始鼓起或裂开时，需要培土 1 次，追肥时加入草木灰。

🥕 胡萝卜

◎播种时间：春（3~4月）秋（7~8月）两季栽培，以秋季栽培为主。

◎品种特点：胡萝卜为半耐寒性蔬菜，其耐寒性和耐热性都比萝卜稍强。要求中等光照强度。属于耐旱性较强的蔬菜，对肥料的需求为钾最多，氮次之，磷最少。在土层深厚，富含腐殖质，排水良好的沙壤土中生长最好。

◎种植贴士：胡萝卜依肉质根形状，可分为长圆柱形、短圆柱形、长圆锥形和短圆锥形4种类型。

胡萝卜种子发芽起始温度为4~5℃，最适温度为20~25℃。叶生长适温23~25℃，肉质根肥大期适温是13~20℃，低于3℃停止生长。

除了种子质量等先天原因外，土壤沙砾过多、施肥过量或施肥不均匀、过度干旱等均可造成胡萝卜根部开裂分叉。所以，购种时要选择新鲜饱满、发育完全的种子。种子地块要深耕细耙，不浅于25~30厘米。浇水时做到充分浇透，有机肥要充分腐熟后均匀撒施。

胡萝卜肉质根充分膨大，叶色转淡渐变黄绿时，为收获适期，可根据长势，收大留小，收密留稀。选择健壮、具有品种特性的植株留种，当花盘变成黄褐色，外缘向内翻卷，花下茎开始变黄时，即可采收种子。

◎种植方法：

①按15~20厘米行距开深、宽均为2厘米的沟，将种子拌沙后均匀地撒在沟内。播后覆土1~1.5厘米厚，然后浇水，可覆盖稻草保湿保温。

②当生出 2~3 片真叶时间苗，留苗株距 3 厘米；当生出 3~4 片真叶时再次间苗，留苗株距 6 厘米。每次间苗时都要结合中耕松土。

③在生出 4~5 片真叶时定苗，小型品种株距 12 厘米，大型品种株距 15~18 厘米，定苗后追肥 1 次。

④幼苗期应尽量控制浇水，保持土壤见干见湿，防止叶片徒长。当幼苗具有 7~8 片真叶，肉质根开始膨大时，应保持地面湿润。并结合浇水追肥 2 次，注意培土。

 ## 土豆

◎**播种时间**：中部及北部地区 11 月至翌年 1 月播种，在广东、福建等地 6 月或 11 月都可播种。

◎**品种特点**：土豆较喜冷凉，怕冻，喜光，但结薯期光照宜短。生长过程中要供给充足水分才能获得高产。需要大量的肥料，钾肥最多，氮肥次之，磷肥最少。以保水、保肥能力强的沙壤土栽培为佳。

◎**种植贴士**：目前市面上土豆的品种多为野生种与栽培种杂交产生。外皮有白、黄、红紫、黑等，肉有白、黄、紫多种，形状有圆形、椭圆形、长筒形和卵形等。在栽培上常依块茎成熟期分为早熟、中熟和晚熟 3 种，从出苗至块茎成熟的天数分别为 50~70 天、80~90 天、100 天以上。早熟品种主要分布在长江中下游及华北平原地区，中、晚熟品种主要分布在东北、西北及西南山区。

土豆在 10~12℃时发芽最快。0℃时，幼苗易受冷害，严重会导致死亡。

土豆在开花的同时，地下块茎就可以陆续收获，一般收获期是5月下旬至7月，其中以6月中旬收获的土豆品质最佳。家庭种植可以随吃随挖，一直采挖到7月底土豆藤开始枯黄时，再一次性收获，此时的土豆较耐储存。

挖出的土豆，选择表面光滑、大小适中、没有虫眼的土豆留作种用，放在阴凉干燥的地方保存，冬季温度不得低于0℃。

◎种植方法：

①选用表面光滑，大小一致的健康土豆，将每个土豆均匀切成几块，保证每块至少有一个芽眼（土豆表面的小凹陷）。

②将土豆块平放在20厘米深的土壤上，芽眼向上，然后铺上5厘米厚土。播种后保持土壤湿润，15天后即会发芽。

③在苗高25厘米左右时，进行1次中耕培土，培土5~7厘米，可追肥1次。

④土豆开花后即进入收获期，需要及时追施1次腐熟有机肥。

甘薯

◎播种时间：一般在5~6月扦插，若是自己育苗，则在4月就要开始栽种育苗。

◎品种特点：甘薯性喜温，不耐寒。喜光。茎叶生长期越长，块根积累养分越多。日照充足、气温和地温高、温差较大时，长势最好。根系发达，较耐旱，除了扦插成活前需保持土壤湿润外，其他时候无须特别浇水，连晴6~7天需人工浇水1次。施肥以腐熟有机肥、草木灰为主，喜土层深厚、潮湿、富含有机质的沙壤土。

◎种植贴士：甘薯又分为白

薯、红薯和紫薯。其中，白薯、红薯为大众常见品种，紫薯较少见，同样的种植条件下，产量也比较低。家庭种植的话，若以吃薯为主，则最好种植红薯或白薯；若以吃薯叶为主，则最好种植紫薯和叶用甘薯。

加温育苗时温度应保持在 16~32℃之间。高温对薯块萌芽生长有利，薯苗栽插后需有 18℃以上的气温始能发根。在茎叶生长期若气温低于 15℃时茎叶生长停滞，低于 6~8℃则呈现萎蔫状，经霜即枯死。块根形成和膨大的适温一般在 25℃左右。生长的中后期，气温由高转低，昼夜温差大，有利于块根累积养分和加速膨大。甘薯的苗期比较长，种植比较麻烦，有条件的朋友可以直接在附近农民手里购买甘薯秧回家扦插。

甘薯对底肥需求量大，一般只要施足底肥，则无须再额外追肥。对于叶色过黄、茎叶早衰的地块可结合浇水追施 1 次腐熟粪水。

甘薯藤蔓发达，一般是匍匐在地面上成长。长期不翻动的话，藤蔓靠近土地的部位又开始生根往土里扎，造成茎叶徒长，影响甘薯产量。所以在甘薯的生长过程中，需要有意识地将甘薯茎蔓提起，与土壤分离，之后仍放回原处，整个生长期最好提蔓 2~3 次。

不同于其他作物采收后须尽早食用，相反的，收获的甘薯储存一段时间后，会更软更香甜，原因是其中的淀粉水解变成了糖。所以我们可以将收获的甘薯放在干燥通风温暖的地方储存。

◎种植方法：

①选适合当地种植的优良种薯 2~3 个，要求大小均匀，外皮光滑，无冻害和病虫害。

②选择 20 厘米高的容器，上足底肥，放上育苗土，浇透水，待水全部下渗后，

将种薯头朝上放入盆内，然后覆土 2 厘米厚，栽后立即覆膜。

③播种 25 天左右开始陆续出土，35 天左右全苗。在苗高 2 厘米左右时，须在出苗处人工破膜引苗，使小苗暴露于空气中。

④甘薯藤长达 20 厘米以上时，可剪下长 15 厘米的段，留 3~5 片叶进行扦插。扦插时，将秧苗埋土 5~7 厘米深，地上露 3~4 片叶，栽秧后浇足水。长蔓品种、地力较肥的地块行株距 60 厘米 ×30 厘米；短蔓品种 40 厘米 ×20 厘米。种薯上的藤可以继续生长，多次剪下扦插。

⑤插后若天气较热，则需要每天浇水，1 周后检查成活情况，及时补插。全部成活后，可以减少浇水，每周 1 次即可。栽种成活后要早中耕、勤除草。当主茎长至 50 厘米时，选晴好天气上午摘心；分枝长至 35 厘米时继续将分枝摘心。此时，可以采摘 10 厘米左右的嫩梢食用。

⑥一般是在气温下降到 15℃时开始收刨甘薯，持续到寒露前后收刨完毕。

★种植随笔：别名趣谈

很多蔬菜都有别名，比如番茄又叫西红柿，土豆又叫马铃薯。有些蔬菜的别名很多，或者比较有趣，我们今天就拿出来唠唠。

比如，空心菜、竹叶菜、通菜、蕹菜，这 4 个名字，指的就是同一样蔬菜，只是在不同地区，叫法不同罢了。"蕹菜"才是它的正名，注意哦，"蕹"字读"瓮"而非"雍"。嵇含在《草木状》称蕹菜"南方之奇蔬也。则此菜，水、陆皆可生之也。"但在所有的名字中，我最喜空心菜这一名称，一方面"空心"二字简明扼要地突出了它的特性，另一方面，也是因金庸小说《连城诀》中将"空心菜"用作一个可爱小女孩的乳名，听起来萌萌哒。

对于甘薯的称呼，则着实让我思考了许久。我的家乡叫甘薯为红苕，或简称"苕"。"苕"这个音在方言里，就是傻的意思，大家经常会用"苕里苕气"来形容一个人脑子不太灵光。虽然"苕"字不好听，但在粮食匮乏的年代，正是因为山地上种植的大量的苕，才让人们度过饥荒。又因其原产美洲，是"舶来品"，故名番薯。但甘薯应该是大多数人比较接受的叫法，也有的地方叫地瓜，比如冬天街头叫卖的烤地瓜就是烤红薯。说起地瓜，这个称呼也容易让人混淆，因为我的家乡一直把凉薯叫做地瓜。凉薯又叫豆薯、沙葛，是那种白白脆脆甜甜的薯类，我一般是剥皮后当水果生吃，也可以炒食。之所以叫豆薯，是因为它是豆科的植物，而别名沙葛，大概是因为它适宜在沙壤土中生长。

至于包菜，北方叫做圆白菜，而洋气一点的叫法是结球甘蓝或卷心菜。据《本草纲目》中记载，甘蓝（包心菜），煮食甘美，其根经冬不死，春亦有英，生命力旺盛，故人们誉称为"不死菜"。而我比较偷懒，取其心叶包合之意，简称其包菜。

还有落葵，亦称木耳菜、胭脂菜、承露、汤菜。李时珍曰：落葵叶冷滑如葵，故得葵名。《尔雅》云：葵，繁露也。一名承露。其叶最能承露，其子垂垂亦如缀露，故得露名。又因其咀嚼时如吃木耳一般清脆爽口，故名木耳菜，许多地区用其做汤，又名汤菜。由于落葵的籽呈紫色，古代妇女经常用其汁液来上妆，故名胭脂菜。这些名称中，我最爱落葵之名，因为带"葵"的植物，都是那么讨喜，比如冬葵（东寒菜）、锦葵、蜀葵、秋葵、向日葵等，无一不带给人们美好的遐想。但是写作时，我更愿意叫它木耳菜，因为通俗易记，朗朗上口。

·二、中级——根类杂粮·

 山药

◎播种时间：要以终霜后为宜，一般在4月播种。

◎品种特点：山药原名薯蓣，因避讳唐代宗李豫而改为薯药；北宋时因避宋英宗赵曙讳而更名山药。河南怀庆府（今博爱县、武陟县、温县）所产最佳，谓之"怀山药"。"怀山药"曾在1914年巴拿马万国博览会上展出，蜚声中外。《本草纲目》称山药有补中益气、强筋健脾等滋补功效。

山药对气候条件要求不甚严格，但以温暖湿润气候为佳。地上部分经霜就枯死，地下部分也

不耐冰冻。喜光，较耐旱，忌水涝。适宜用土层深厚肥沃、向阳、背风、排水良好的中性沙质土壤栽培。

种植贴士：山药从肉质分有水山药（水分含量高，较脆，适宜炒食）和绵山药（淀粉含量较高，适宜蒸食、炖食）两大类；从外形上分有长山药、扁山药、圆山药3种。长山药是我们比较常见的，如麻山药、大和长芋、铁棍山药、水山药等圆柱形品种。

山药种子不易发芽，无性繁殖能力强，可用一般山药块繁殖。选择色泽鲜艳，顶芽饱满，块茎粗壮，瘤稀，根少，无病害，不腐烂，未受冻，重150克左右的块茎作为种薯。

每年春季10℃以上时，山药才开始发芽，发芽的适宜温度为22~25℃。块茎进入生长和膨大期时，它最适宜的温度为20~30℃。低于15℃生长发育缓慢，低于10℃块茎停止生长。

当山药进入采挖期时，成熟的块茎比较耐寒，短时间内在-3℃时不受冻害。霜降后地上藤蔓枯死，块茎处于休眠状态，但是块茎的生理活动并没有停止。因此，休眠期要求低温，以4~6℃最为宜。

◎种植方法：

①播种前15~20天，将每段或每块有3~5个芽眼的种薯放在25~28℃的环境中培沙3~5厘米厚催芽，催芽环境需

密闭保温，当幼芽从沙中露出时即可播种。

②开沟播种，沟深 8~10 厘米，按照行株距 30 厘米 ×24 厘米摆放块茎，覆盖细土并压紧，土不宜盖深，以不露种根为度。种后浇少量水润湿土壤即可。

③苗高 30 厘米左右，应设立支柱，使蔓茎缠绕柱上，并及时锄草，增施追肥。

④一般山药应在茎叶全部枯萎时采收，过早采收产量低，含水量多易折断。也可在地里保存过冬，最迟可到翌年 3 月中下旬萌芽前采收。

⑤部分品种的山药会在蔓上结出珠状芽，俗称"山药豆"，山药豆的食用方法和地下块茎部分相同。

芋头

◎**播种时间**：多为 3~5 月种植，播种一般在当地终霜后，日均气温达到 13~15℃时进行。

◎**品种特点**：芋头又称芋、芋艿，原产于印度，后由东南亚及日本等地引进。我国以珠江流域及台湾地区种植最多，长江流域次之，其他省市也有种植。芋头口感细软，绵甜香糯，营养价值近似于土豆，又不含龙葵素，易于消化，是一种很好的碱性食物。芋头可蒸食或煮食，但必须彻底蒸熟或煮熟。

芋头喜高温多湿的环境，不耐寒，较耐弱光，对光照强度要求不严格。喜湿怕旱，无论是水芋或是旱芋都喜欢湿润的自然环境条件，旱芋生长期要求土壤湿润，尤其叶片旺盛生长期和球茎形成期，需水量大，要求增加浇水量或在行沟里灌浅水。水芋生长期要求有一定水层，收获前 1 周控制浇水和灌水，以

防球茎含水过多，不耐贮藏。适于水中生长，需选择水田、低洼地或水沟栽培，因此应选择有机质丰富、土层深厚的壤土或黏壤土。

◎**种植贴士**：芋头原产高温多湿地带，有

100多个品种，在长期的栽培过程中形成了水芋、水旱兼用芋、旱芋等栽培类型。水芋适于水中生长，需选择水田、低洼地或水沟栽培。旱芋虽可在旱地生长，但仍保持沼泽植物的生态型，宜选择潮湿地带种植。但无论水芋还是旱芋都需要高温多湿的环境条件。

13~15℃时芋头的球茎开始萌发，幼苗期生长适温为20~25℃，发棵期生长适温为20~30℃。昼夜温差较大有利于球茎的形成，球茎形成期以白天28~30℃，夜间18~20℃最适宜。

芋头种子可直接在农贸市场或超市购买。选择无伤口，顶芽的芽尖保存完好，重量在50克左右，呈圆球形的小芋头最佳。

芋头的黏液对皮肤有一定的刺激，所以收获和剥皮时最好戴上手套。

◎种植方法：

①播种前15~20天需进行催芽，将贮藏的芋头先晒1~2天。

②将种芋密排于催芽容器内，经常喷水保湿，使温度控制在18~20℃，经15~20天芽长1厘米，即可准备播种。

③芋种间隔2厘米，播种深度3~5厘米，播后立即覆盖地膜保温。每2~3天检查1次，保持土壤潮湿。

④播种 1 个月后，芋苗有 2 片真叶时定植。定植行株距 45 厘米 ×25 厘米。

⑤夏季早晚各浇水 1 次，或在旁边划上浅沟灌入 5~7 厘米深的水层。

⑥立秋后随着天气转凉，浇水次数逐渐减少，3 天浇 1 次即可。此时，芋头已经长得很高，需要追施腐熟的畜禽粪尿或饼肥等长效肥料，并配合磷、钾肥，收获前 10 天停止浇水。

⑦在霜降前后，芋头叶片均已变黄衰老，就表明地下球茎已经成熟，是收获的最佳时期。采收前先割去地上部分，待伤口干燥愈合后选晴天挖出地下块茎。

凉薯

◎播种时间：华南地区 2~3 月播种，华北地区 4~6 月播种。

◎品种特点：凉薯学名为豆薯，原产热带美洲，我国西南部各省常见栽培。其肉质洁白、嫩脆、香甜多汁，可生食、熟食，并能加工制成沙葛粉，有清凉去热功效。其种子有剧毒，忌食。

凉薯为喜温喜光蔬菜。根系强大，吸收力很强，较耐干旱和瘠薄。要求土层深厚、疏松、排水良好的壤土或沙壤土，不适于在黏重、通透条件较差的土壤上种植。

◎种植贴士：凉薯发芽期要求 30℃的温度，地上部及开花结荚期适温为 25~30℃。块根可在较低温度条件下膨大生长，但低于 15℃会受到抑制。

凉薯不耐低温，最迟霜冻前要将肉质根挖出收获。收获前 3~5 天不要浇水，以免水分过多，影响肉质根的品质。

茎叶和种子有毒，要防止儿童和牲畜误食。凉薯种子成熟过程缓慢，开花后约需3个月时间种子才能成熟，且需消耗大量养分，因此留种株不适宜采收肉质根。在收获期，选择植株生长健壮，藤细，无病虫害，块根扁纺锤形，表皮光滑而薄，纵沟少而浅，以及具有本品种其他特性的植株作留种母株。

◎种植方法：

①凉薯种子坚硬，不容易发芽，因此需先将种子浸水10小时，待吸水膨胀后放在25℃左右的环境下催芽，每天取出漂洗1次，4~5天后选已露白的种子播种。

②采取穴播的方法，每穴播种子1~2粒，播后盖土2~3厘米厚，半个月左右小苗出土。

③幼苗有4片以上真叶时就可以定植，行株距40厘米×30厘米。

④在整个生长期间，每5~7天浇水1次，每个月追肥1次。

⑤主蔓30厘米高时摘心，并随时摘去过多的花序，待肉质根膨大后即可收获。

花生

◎**播种时间**：4~5月当最低温度稳定在12℃以上时播种，地膜覆盖栽培可稍提前半个月。

◎**品种特点**：原名落花生，是我国产量丰富、食用广泛的一种坚果，又名"长生果""泥豆"等。具有很高的营养价值，内含丰富的脂肪、蛋白质和氨基酸。

花生喜温暖气候，较耐旱，但发芽出苗时要求土壤湿润，出苗后便表现出较强的抗旱能力。开花期需要土壤水分充足，下针结实期要求土壤湿润又不渍涝。喜阳光，光照充足时

生长健壮，结实多，饱果率高。施肥以腐熟有机肥作为基肥为主。对土壤的要求不太严格，除过于黏重的土壤外，一般质地的土壤都可以种植，最适宜质地疏松、排水良好、肥力高的沙壤土。

◎种植贴士：花生生长适宜温度25~30℃，低于15℃和高于35℃基本停止生长。5℃以下低温连续5天，根系便会受伤，−2℃时地上部分便受冻害。

花生种子可直接在农贸市场或超市购买。选新鲜带泥土，大小均匀，饱满的带壳花生即可。

花生芽是上好的芽苗菜，口感脆嫩、清甜。具体种法是将花生剥壳后，用40℃左右的温水浸泡半小时，选1个小浅盆，将花生捞起放在里面，然后盖上湿毛巾，放在潮湿温暖的地方，早晚各喷1次小水，但注意不要积水。几天后，当花生芽长出5厘米高时就可以收获了。

◎种植方法：

①将花生带壳晒2~3天，播种前10天将壳剥掉，选仁大而整齐，籽粒饱满，色泽好，没有损伤的大粒作种。

②采用穴播，1畦2行。行距40厘米，穴距13~17厘米，每穴2粒，均匀覆土，将土压实后浇水。

③播种后10~15天花生会陆续出苗，并很快长成一蓬。

④花生的枝叶快速生长，要注意锄掉杂草并将土刨松。

⑤花生开花后，追施 1 次腐熟的人畜粪尿，并在周边适当松土，注意不要碰到根。

⑥当花生叶色变黄，部分茎叶枯干，即可收获，时间一般在 9 月中旬。收获后的花生要晾晒 1~2 天，促进后熟。留种花生须在初霜前收获、晾晒。

★种植随笔：土地教会我们的事

　　虽然出生在城市，但我的童年是在外婆家的市郊园林场度过的。屋前有池塘，屋后有群山，春天采蘑菇、采树莓、掐蕨菜；夏天捞浮萍喂鸭子，捉萤火虫，捕知了；秋天摘刺梨；冬天围炉而坐，吃着热气腾腾的烤红薯，听大人们侃大山。那时候没有手机，电视都很少见，但岁月安静而美好。这一切，都仰仗我们赖以生存的大自然，我们用来耕种劳作的土地。童年时，土地教会我们的是——快乐其实很简单，索求得少，快乐就多！

　　上学后，每年的寒暑假依然是要往市郊园林场跑，经常长住大半个月仍不思家。田野里，土地上，有太多新鲜而有趣的东西，那时候家家户户都种菜，每家基本都能实现自给自足，自家到了采摘旺季，还免不了给东家送一把豆角，给西家拿几个番茄。若遇上每家都大丰收，你就会看到门前竹栏杆上挂满了晾晒的各种干菜。将蔬菜焯水后晒干存放，也算是具有中国特色的一种蔬菜储存方式吧，颇有"晴带雨伞、饱带干粮"的未雨绸缪式智

慧。那时候，外公是远近闻名的种菜能手，他离休后一直不肯闲着，在后山开荒种菜，每天早上挑着几十斤的担子，步行 3 千米到市场去卖菜。谁也不会想到，这个瘦弱的卖菜老人，竟然是一名离休干部。外公身体非常硬朗，一口气挑十几担水浇菜都不在话下。某个周日，正值壮年的父亲自告奋勇要帮他挑菜去市场，结果回来肩膀磨破了皮，腿直发抖，叫苦不迭。而这只是外公稀松平常的一天。少年时，土地教会我们的是——一分耕耘，一分收获，我们要对土地，对土地所赋予我们的粮食、蔬果心存敬畏、珍惜之心。

　　成年后，我一直在城市工作和生活，外婆家所在的园林场也被一所高校兼并，那些山野田园不复存在，只留下一株几十年的老樟树默默伫立。于是，我在天台上、在阳台上，在家里的窗台茶几上，找近郊的朋友租借菜地，想尽一切方法去耕种，就是为了保留与土地的丁点联系。无论是家里的蔷薇开爆了盆，还是草莓又红了，或是一粒西瓜子掉入花槽发芽，并且结了一个小西瓜，都是那么令人欢欣鼓舞。傍晚为它们浇浇水，清晨为它们剪剪枝，这就是最好的休闲，最佳的锻炼。什么社会的浮华喧嚣，什么职场的尔虞我诈，什么生活的鸡毛蒜皮，都被自动屏蔽在小菜园之外。成年后，土地教会我们的是——从容而冷静地面对世事沧桑，无论生命经过多少委屈和艰辛，我们都要以一个朝气蓬勃的面孔，醒来在每个早上！

只有想不到，没有不能种的

┃ 综合类蔬菜"课程表" ┃

阶段	分类	特点	代表品种
初级	尝试特别的蔬菜	平常较少在家庭种植，但种植起来很有趣，也经常食用	玉米、蘑菇
中级	水果也能自己种	适合家庭小面积种植，无化肥、激素，既好玩又好吃	草莓、葡萄、蓝莓、无花果、金橘
进阶级	要种树，选它们	多年生的木本植物，为你的餐桌增添一抹特别的味道	枸杞、花椒、香椿

•一、初级——尝试特别的蔬菜•

 玉米

◎**播种时间**：每年 4~6 月播种。

◎**品种特点**：玉米喜温，不耐寒，忌炎热。喜光，需水较多。喜肥，底肥要施足，苗期可不用追肥，穗期需要追施大量肥料，粒期施少量肥料。土壤以土层深厚，结构良好，营养丰富，疏松通气的壤土最佳。

◎**种植贴士**：玉米种类很多，主要分为两大类，一是常规玉米，最普通、最普遍种植的玉米，在我国北方大片区域种植。 二是特用玉米，指的是除常规玉米以外的各种类型玉米。传统的特用玉米有甜玉米、糯玉米和爆裂玉米，新近发展起来的特用玉米有优质蛋白玉米（高赖氨酸玉米）、高油玉米、高直链淀粉玉米和水果玉米（有红、黄、黑、紫等多种颜色）等。

玉米种子在 10℃能正常发芽，以 24℃发芽最快。拔节适温 18~25℃。开花期适温 25~28℃。

做水果食用的玉米可在果穗包叶微微发黄，籽粒还未变硬时收获，菜用玉米可适当晚收。留种玉米要等到籽粒完全成熟，包叶枯黄时收获。收获后将玉米晒干，悬挂在阴凉干燥处保存，播种前再进行脱粒。

玉米从播种到收获，时间相对较长，定植后可以在玉米地里套种其他蔬菜，一

地两用，各取所需。玉米定植行距为 40 厘米，在 40 厘米的空隙中央划一条浅沟，条播蔬菜种子，然后正常管理，待蔬菜收获后，玉米也结果了。在玉米定植后尚未长得很大时，可套种速生绿叶菜，如小白菜、生菜、蒜苗、苋菜等。后期玉米植株长高，地面光线较暗，可套种耐阴蔬菜，如莴苣、韭菜、空心菜等。一般可套种两茬速生蔬菜。

◎种植方法：

①在育苗容器里播种，采取点播的方式，间距 5 厘米，每穴 1~2 粒，覆土约 2 厘米厚，浇透水。

②8~12 天出苗。当生出 3~4 片叶时间苗，每穴留 1 株健壮苗。

③当生出 5~6 片叶时定苗，并结合间苗、定苗进行中耕除草。盆栽时，每盆可种植苗 1~2 株（视盆大小而定）；庭院栽培则按照行距 40 厘米，株距 25 厘米定植。

④当生出 7~8 片叶时（拔节前）追施拔节肥，随后浇水。

⑤长到 13~14 片叶进行第二次追肥，并适时浇水。

⑥抽穗后要追施 1 次重肥，并保证水分供应。

蘑菇

◎播种时间：温度、湿度适宜的环境下，全年可种，可多次采收。

◎品种特点：蘑菇喜温暖湿润，气候温暖时出菇多，长势快。喜水，在生长过程中要小水勤喷，并保持较高的空气湿度。对环境的通风状况要求较高，对阳光要求较低，前期无需阳光，后期适当散射光即可。多用稻草、麦秸、玉

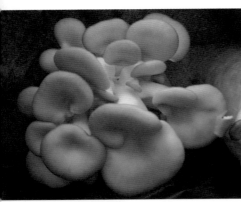

米芯、甘蔗渣、棉籽壳、木屑等作为培养料，以米糠、麸皮、玉米粉、豆饼粉作为肥料。

◎种植贴士：蘑菇菌丝生成的温度在 20~28℃，最适温度为 24~25℃。蘑菇的生长温度比菌丝的生长温度要求低，一般在 20℃以下，最适温度在 13~17℃之间。

挑选菌种要注意：菌袋要厚实坚固，不易破裂，透明，以利于观察菌丝的生长；菌包放在水中时应该有一半的体积漂在水面以上；以棉籽壳为主料的菌料比较好，颜色为黑褐色，发菌正常的菌丝体颜色纯正、鲜亮，均为白色。出现绿色则是绿霉病，不要购买和使用。

蘑菇可以盆栽，把菌包的塑料袋撕开，取出菌种掰成 2~3 块（根据容器的大小尽量掰大些，如果容器足够大的话，把整块放下去就更好），填满土，浇透水 1 次，然后覆土 2~3 厘米厚，保持湿润，放在比较阴暗、湿度高、通风的地方，等待出菇。还可以菜园栽培，把菌包的塑料袋撕开，按上述方法埋在田间，浇透水 1 次，然后覆土 2~3 厘米，保持湿润，营造阴暗、湿度高、通风的环境，若温度适宜大概在 15 天左右会大量收获。若温度太低或太高，等到春秋天，也会照常出菇。

◎种植方法：

①解开菌包扎带，开口直径 1~2 厘米，向里面喷点水，可存点积水，但只要积水没有干，就不要再喷水。

②将菌袋平放在半阴暗、潮湿、通风的地方，不要让阳光直射，当袋口出现小菇蕾再完全打开袋口。

③用湿毛巾或餐巾纸覆盖袋口，常向毛巾或餐巾纸喷水，以保持透气、湿润，也可以在菌包袋口处套 1 层超市塑料袋（超市塑料袋内壁喷上水，不要套死，保持通气），菌袋内存水要及时倒出，不能弄坏包装的塑料袋，等几天就会出菇了。

④菌帽直径 1 厘米以后，要经常对菇喷雾，以保持湿润，一般是 4~7 天成熟，采收前 1 天停止喷水。

⑤采收时，一手按住菇面，另一手将菇脚的底部左右旋转摘下。蘑菇采收后，停止喷水 2~3 天，清理干净菇脚，保持较高湿度，就可以等待第二次出菇了。

二、中级——这些水果也能自己种

🌱 草莓

◎**种植时间**：分株一年四季均可进行，以秋季为佳，但要避开花期和果期。

◎**品种特点**：草莓，又名凤梨草莓、红莓、洋莓、地莓等，外观呈心形，鲜美红嫩，果肉多汁，含有特殊的浓郁水果芳香。草莓原产

南美，现中国各地及欧洲广为栽培。草莓中富含胡萝卜素与维生素 A，可缓解夜盲症，具有维持上皮组织健康，明目养肝，促进生长发育的保健功效。

草莓喜温凉气候。喜光，但又有较强的耐阴性。光强时，植株矮壮、果小、色深、品质好；中等光照时，果大、色淡、含糖低，采收期较长；光照过弱，

则不利草莓生长。根系分布浅，蒸腾量大，对水分要求严格，故要保持土壤湿润，尤其是结果期，不耐涝，又要求土壤有良好通透性，故应注意田间雨季排水。宜生长于肥沃、疏松的中性或微酸性壤土中，过于黏重的土壤不宜栽培，沙土多施厩肥，勤灌水，也可种草莓。

◎ 种植贴士：草莓根系生长温度5~30℃，适温15~22℃，茎叶生长适温为20~30℃，芽在10℃以下即发生冻害，开花结果期适温4~40℃。草莓越夏时，气温高于30℃并且日照强时，需采取遮阴措施。

草莓的种植一般有3年的周期。头1年仅能收获很少的草莓，第二年就会收获很多，但到了第三年或者3年之后，草莓的产量就要明显下降，需要把植株替换掉。因此，在第二年就需要培育新的植株，才能保证每年的产量稳定。

草莓用种子种植时间很长，故一般采用匍匐茎分苗法繁殖，当草莓生长良好时，它会生出一种藤蔓，在藤蔓的端头又会生出新的小植株。

如果草莓是种在地里的，要注意除草，盆栽则要注意补充水分，建议使

用较高的容器种植，让草莓结果后能自然垂挂。结果期浇水要防止把草莓弄湿，否则果实容易腐烂。一旦果实变红后，要提防被鸟啄食，可以用纱布网将草莓保护起来。可以让草莓在室外过冬，适当经受一些霜冻，更利于来年提高产量。来年春季有新叶子长出后，需摘除死掉的黄叶子，并注意浇水、除草和灭虫。

◎种植方法：

①在母本草莓长出匍匐茎时，可将它们垂吊的枝条与土壤接触，当小植株长到3~4片叶子时，与土壤接触的部分也会生出不定根，这时选择健壮的秧苗带根剪下。

②整好疏松肥沃的地块或在花盆中备好土壤，将秧苗栽植进土壤中，要让根系舒展，并将秧苗根颈部与地面平齐，做到"深不埋心、浅不露根"。栽后土要按实，固定苗位。

③栽后浇透水，放置阴凉处5~7天，然后搬到光线充足处正常管理。

④草莓消耗养分较多，可用鱼骨、家禽内脏、豆饼等，加水腐熟发酵，沤制成液态肥水施用或追施复合肥，一般每星期追肥1次。

⑤生长过程中适时疏蕾、摘叶、摘除匍匐茎，花期可进行人工授粉，以提

高坐果率。

⑥果实成熟期，可在土面上铺一层塑料布，将草莓和土壤隔离开来，防止烂果。

 葡萄

◎**种植时间**：在3月初至4月，气温15~25℃之间的春季种植为宜。

◎**品种特点**：葡萄又称蒲桃、草龙珠，是世界最古老的果树树种之一，原产亚洲西部，可生食或制成葡萄干，还可酿酒。葡萄营养价值丰富，是一种滋补性很强的水果，葡萄汁被科学家誉为"植物奶"。

葡萄喜温，对水分要求较高，生长初期或营养生长期需水量较多，生长后期或结果期需水较少。水分过多、湿度过高，易引起枝条徒长及各种疾病。正常生长期间必须要有一定强度的光照，但光照太强时，特别是葡萄进入硬核期较易发生日灼病，这时可采取套袋措施或植株留叶时尽量留住能遮住葡萄果实的叶。而日照不足时，易造成开花期花冠脱落不良，授粉率低，果实发育不良。在各种土壤（经过改良）中均能栽培，但以壤土及沙壤土最好。

◎**种植贴士**：葡萄在不同生育时期对温度的要求不同，根系开始活动的温度为7~10℃。日均气温10~12℃时，芽开始萌发。新梢生长和花芽分化的最适温度为25~30℃。果实膨大期最适温度为20~30℃，如日夜温差大，则葡萄会更甜。

葡萄多用扦插法繁殖，也可以直接购买幼苗栽植。

春季萌芽后，如遇倒春寒，则要注意多施磷肥和高碳有机质，尽量减少施用氮肥。葡萄苗种植的第一年，要进行"抹夏芽，逼冬芽"的操作，具体方法是等苗子长了5~8片叶子时摘心，

将最后 1 片叶子根部的夏芽（夏天长出的芽）抹掉，冬芽（冬天长出的芽）保留，其余叶子根部的夏芽，等长出来之后，留一两片叶子摘心，这样顶部的冬芽便会萌发，等冬芽长成有 5~8 片叶子的枝条时，再重复上述操作。1 年下来，大概操作 4 轮，冬剪的时候，留主蔓，其余枝条留 1 个芽，其他全部剪掉。注意不要缺水，每星期浇 1~2 次稀粪水，冬芽逼出来的枝条会越来越粗，一般第二年就会结果。

藤蔓上的卷须不但消耗营养，而且会带来许多病害，因此要及时去除。搭葡萄架一般以结实的棚架为主，绑藤的线可以选用布条，金属条则不适合，因为夏季高温会导致枝干烫伤。

◎种植方法：

①扦插基质以疏松透气、无肥料者为宜，河沙、蛭石、珍珠岩、泥炭土皆可。

②选健壮枝条（生长充实，芽眼肥大饱满），其直径在 0.7 厘米以上的（越粗成活率越高）进行剪取。

③每 3~4 个芽为 1 段插穗，顶芽以上要留有 3 厘米左右的枝条段，留得短易造成芽脱水，下端要在最下芽的 1 厘米处左右剪齐，每个插条留 3 个芽及 1 片以上叶片。

④随剪随插，扦插株行距为 20 厘米 ×25 厘米，沙厚 25~30 厘米。把插条向北倾斜插在沙床里，2/3 插条入土，以露出 1 芽和叶片为度。

⑤扦插后浇 1 次透水，并置于半阴的环境下，3~4 周后逐渐见全日照，其间注意经常喷水保持土壤和空气湿润，30~40 天即可生根。

⑥长出 6~8 片叶时定植，盆栽要用大桶种植，地栽间距 40 厘米 ×40 厘米。

⑦雨季要抓紧雨天间隙及时松土，增加土壤通透性。一般当年扦插的苗，第二年会开花结果。花前花后 1 周内，不宜浇水，待果坐稳后，方可浇大水、

施大肥，促进果实生长。

⑧结果蔓在花序前留 5~7 片叶摘心。幼果生长初期，以氮肥为主，适当施过磷酸钙和草木灰；果实开始着色时，以磷、钾肥为主。合理浇水施基肥后，浇 1 次水，使肥料渗入下层，以利葡萄的根系吸收，可套上透气的纸袋保护葡萄。

⑨果实膨大变色即可采收，用锋利的剪刀将其剪下。

⑩果实采摘完毕后，要对枝条进行 1 次大剪，剪去过长枝、过弱枝和老枝、病枝，入冬前埋入基肥，为来年做好准备。

蓝莓

◎种植时间：如果直接购买苗木，最好时机是在秋季至第二年春季萌芽之前。

◎品种特点：蓝莓又名蓝梅，意为"蓝色的浆果"。蓝莓果实中含有丰富的营养成分，尤其是花青素含量很高，具有保护视力、防止脑神经老化、强心、抗癌、软化血管、增强人体免疫力等功能。

蓝莓喜温暖气候，较耐高温。喜半日照环境，酷暑时节需适当遮阴，但如缺乏充足的阳光，蓝莓生长停滞，即使开花，也不结果。喜湿润环境，耐旱及耐涝性均一般，生长期土壤干即浇水，冬季土壤可保持稍干爽。宜用肥沃疏松、富含有机质的酸性土壤种植。

◎**种植贴士**：蓝莓在 20~30℃的温度条件下，生长能力最强。早春低温时，宜放置在背风向阳的位置，在生长季可以忍受周围环境 40~50℃高温，但需注意在早上给足水分。

蓝莓新梢具有在 1 个生长季内多次生长的习性，并一般有两次快速生长期，第一次是在 5~6 月，与开花同时进行；第二次是在 7 月中旬至 8 月中旬，生长明显加快，长势旺盛。

蓝莓根系分布较浅，对水分缺乏比较敏感，应经常保持盆土湿润而没有积水。在降雨少的季节，尤其是春季干旱季节，至少要保证每周浇 1 次透水，最好 3 天浇 1 次；而在果实发育阶段和果实成熟前则要减少水分供应，防止过快的营养生长与果实争夺养分。果实采收后，恢复正常浇水。

盆栽蓝莓首选透气性好的瓦盆，其次是沙盆，再次用塑料盆，不建议用瓷盆。因为蓝莓为浅根系，不需要用大盆，忌用深盆，小苗用盆建议用直径 15 厘米的盆，成品植株用直径 25 厘米的盆即可。蓝莓对肥料的要求是宁缺毋滥，施肥过量极易造成树体伤害或整株死亡。蓝莓是嫌钙植物，土壤中不要加入骨粉。为了保持土壤酸性，可每月在浇水时滴入几滴白醋。

一般在冬季（休眠季）和夏季（生长季）进行两次修剪。刚刚定植的幼树需剪去花芽及过分细弱的枝条，强壮枝条进行短截。定植成活的第一个生长季一般不修剪。前3年的幼树在冬季主要疏除弱枝、重叠枝和交叉枝。

◎种植方法：

①园土混合部分腐殖土作为扦插基质，厚度在15厘米左右，并将基质浇透水。

②剪取正在生长的春梢的上中部，插条一般留4~6片叶，下部叶片去掉，垂直插入基质中，间距为5厘米。

③生根的适宜温度在22~27℃，温度高时要及时通风或遮阴，多以喷雾方式增加空气湿度，以促进生根。

④扦插苗生根一般需2个月，生根后每半个月可追肥1次。

⑤中秋至晚秋应减少水分供应，以利及时进入休眠期。入冬前将苗移入室内保温，保证充足的阳光。

⑥扦插苗一般3~4年后才会开花结果，花期需要进行人工授粉。

⑦当果实膨大同时，其颜色由绿变粉再变蓝，当果实变软并完全变为蓝色时，即可收获。

⑧收获完毕后修剪枝条并为入冬做好准备。

 无花果

◎种植时间：扦插多在秋季落叶（10月）后或早春（2月）树液流动前进行。

◎品种特点：无花果又名隐花果，原产于欧洲地中海沿岸和中亚地区，因其花小，并藏

于花托内而得名。果实含有较高的果糖、果酸、蛋白质、维生素等成分，有润肺止咳、清热润肠、开胃、催乳等作用。

无花果喜温暖湿润的气候，对环境条件要求不严，凡年平均气温在13℃以上，冬季最低气温在−5℃以上都可开花结果。无花果是较喜光的树种，应该尽量选择光照较好的地块种植。对水分条件要求不太严格，较抗旱。无花果不耐涝，宜选择排水通畅的地方。对土壤要求不高，抗盐碱能力强，但以沙壤土种植为佳。

◎种植贴士：在气温高于15℃时，无花果开始发芽，而新芽生长的适温为22~28℃；在水分供应充足的情况下，无花果能耐较高温度而不受热害，但连续数日高于38~40℃，则会导致果实早熟和干缩，有时还会引起落果。

无花果枝条极易生根，也易发生根蘖，因此繁殖可用扦插、压条和分株等方法，通常采用扦插法。

为了使无花果多结果和树形优美，需要进行整形和修剪，最好在早春树液流动前进行。整形时，将苗木在40~50厘米高处定干，以后全树保留4~6个主枝，主枝每年剪留40~60厘米，其上再按适当间隔保留2~3个副枝，以扩大结果面。树形完成后，每年只剪掉无用枝、密生枝、下垂枝和干枯枝，尽量多保留壮枝结果。

在立秋后，最好把无花果所长出的幼果全部摘去。因为此时所结的果实较难成熟，会消耗植株养分，对翌年生长造成影响。

盆栽无花果可在冬季叶片脱落干净以后，将根磕出花盆，用快刀把土坨表面的老根削去一层，然后把修整过的土坨放入掺有肥料的新土中重新种植。

◎种植方法：

①剪取长约20厘米的枝条做插穗，插入沙或蛭石中，保持湿润。

②在20~25℃温度条件下，约1个月即可生根。

③成活后选择晴天将树苗定植到大田里或花盆中，栽后第一次浇水要浇透，置半阴处1周左右，待树苗成活后逐渐移到光照充足处，进行正常管理。

④基肥一般在落叶后的休眠期施用，在施足基肥的基础上，每年应追施有机肥5~6次，生长前期以氮肥为主，若肥水管理得当，第二年便能结果，果实成熟期间以磷、钾肥为主，并补充钙肥。

⑤果实变软，表皮颜色变深即成熟，这时可连同果柄一同摘下。

⑥南方可露地越冬，北方需在入冬后叶片完全转黄后移入室内置冷凉处越冬，其间停止浇肥浇水，温度保持在0℃左右即可，待4月末或5月初再移到室外阳光充足处。

金橘

◎种植时间：扦插于4~8月进行均可。

◎品种特点：金橘原产于我国南方的两广、闽浙一带，在北方均做盆栽。因其果实"大者如金钱，小者如龙眼"，外皮橙黄光滑，色泽鲜艳，所以又称为"金钱橘"。金橘具有化痰止咳、理气解郁之功效。可鲜食，还可加工

成蜜饯和罐头。金橘树形美观，枝叶繁茂，四季常青，果实金黄，是观果花木中独具风格的上品，适宜栽培成盆橘，供人观赏。

金橘性喜温暖湿润的气候，喜阳光，不耐阴，但也不宜烈日暴晒，在北方春夏季须遮阴。不耐寒，盆栽须进温室防寒。喜肥，喜水，但不耐水湿，适生于疏松肥沃、排水良好的微酸性和中性土壤。

◎种植贴士：金橘实生后代多变异，且变优者少，结果晚，故多以嫁接、扦插和高空压条进行繁殖，家庭种植多用扦插法繁殖。

金橘喜光，但怕强光，光照过强易灼伤叶片。夏季需在遮阴棚下养护，特别要避免中午的强光直射。金橘喜湿润但忌积水，土壤过湿容易烂根。春季干燥多风时，可每天向叶面上喷水1次，增加空气湿度。夏季每天喷水2~3次，并向地面喷水。但开花期避免喷水，以防烂花，影响结果。

盆栽金橘，盆土可用腐叶土3份、沙土2份、饼肥1份混合，每年3~4月翻盆换土。先将植株从盆中磕出，用剪刀将外层过密的根剪掉。新盆的大小要视植株的生长情况而定，如生长好的应选择大盆。培养土要求富含腐殖质、疏松肥沃和排水良好的中性土壤，边填土边压实，最后浇1次透水，放置于遮阴处。

换盆时最好施 1 次腐熟有机肥作底肥。

每年冬末春初对植株进行 1 次重剪，剪除部分去年生枝，健壮者留 2~3 芽，每株留 3 枝经修剪的 1 年生枝条，有利于春梢萌发。疏去病虫枝、密生枝、徒长枝，使枝条均匀分布。新梢长到 25 厘米时摘心，促发侧枝使其丰满。金橘开花时，适当疏花疏果，及时抹去新梢，能使果大且分布均匀。

◎种植方法：

①金橘的扦插用硬枝、嫩枝均可，选健壮枝条截短除叶（留叶柄，也可留少量叶子），插于疏松沙壤土中。

②保持土壤湿润，注意遮阴，1 个月后可生根。

③成活后可选择于晴天定植，北方可在霜降前上盆，并移入室内管理，南方可定植在大田，露地越冬。

④春季到夏初的开花期每 3~4 天浇 1 次透水，平时保持盆土湿润，现花前施肥以氮肥为主，5 月初追施以氮、钾为主的有机肥促花，花期应适当疏花。

⑤坐果后若树势弱疏果 1 次，每枝留 2~3 枚为宜。幼果期后正值夏季高温，可每天浇 1 次透水。雨天应避免大雨冲临和土壤积水。

⑥果实膨大期施入以磷、钾为主的有机肥。果实颜色由绿变为金黄即可采摘，可陆续采摘至霜降前。

⑦在秋季，随着气温的降低，浇水的次数和量也应随之减少，可 4 天左右浇 1 次透水，秋天萌发的新梢及时剪除，进入冬季后停止施肥，每周浇 1 次透水。

三、进阶级——种树选它们

枸杞

◎**种植时间**：头年 10 月果实收获后至翌年 2 月植株发新芽前进行扦插。

◎**品种特点**：枸杞是枸杞树的果实，是我国传统的名贵中药材，又是一种传统的滋补保健食品。枸杞的产区主要集中在西北地区，其中宁夏的枸杞最为著名，其他地区一般种植的品种是中华枸杞，常以嫩叶作为蔬菜食用。

枸杞喜冷凉气候，耐寒力很强。其根系发达，抗旱能力强，在干旱荒漠地仍能生长。花果期需充足的水分方能提高产量。长期积水的低洼地对枸杞生长不利，甚至会引起烂根或死亡。喜阳光，稍耐阴，光照充足时枝条生长健壮，花果多，果粒大，产量高，品质好。最适合在土层深厚，肥沃的沙壤土上栽培。

◎**种植贴士**：当气温稳定通过 7℃ 左右时，种子即可萌发，幼苗可抵抗 -3℃ 低温。春季气温在 6℃ 以上时，春芽开始萌动。扦插以气温达 18~20℃ 为宜，

在 −25℃越冬无冻害。

繁殖方法主要为种子繁殖，其次为扦插和分株繁殖。家庭多用扦插法，一般春季扦插苗当年即可结果。

枸杞的分枝能力强，新枝生长旺，每年早春萌发前要剪去不结果的徒长枝及枯枝，夏季剪去徒长枝，秋季剪去老枝与病虫枝。整枝可减少病虫害，增强通风透光，降低营养消耗。为使植株生长健壮，应结合浇水、松土、锄草经常进行追肥。花期和果期应使土壤水分充足，否则结果不好。春夏季雨多，可不浇水。

◎种植方法：

①选 1 年生新枝，截成 12~15 厘米长枝条，按株距 6~10 厘米，斜插在苗床中，1/3 插入土中，2/3 露在外面。

②保持苗床湿润，20 天后成活率可达 90%。

③成活后即可定植。选雨天或阴天定植。栽种时土层尽量深厚，埋入厩肥做基肥，栽植深度为 20~30 厘米，种后覆土踩实，并立即浇水。

④种植成活以后，应经常除草，干旱时要常浇水。

⑤新栽植的枸杞苗，在主干高 60 厘米时去顶，选留 3~5 个侧枝。第二年将选留的 3~5 个侧枝截断至 30 厘米。

⑥菜用枸杞扦插 40~50 天即可采收 8~12 厘米的嫩梢食用，以后每 7~15 天采收 1 次。

⑦果用枸杞每年 7~10 月是盛产期，花会一直开，枸杞果实也会一直结。果实完全变红时即可陆续采摘。

花椒

◎**播种时间**：10月下旬至11月下旬，或3月中旬至4月上旬。

◎**品种特点**：花椒又名大椒、秦椒、蜀椒，其果皮可作为调味料，去除各种肉类的腥气，并可提取芳香油，又可入药，种子还可加工制作成肥皂。此外，花椒能促进唾液分泌，增加食欲，以及使血管扩张，从而起到降低血压的作用。

花椒是喜温不耐寒的树种，适宜温暖的气候。喜光，光照充足才能生长良好，成熟充分，得到较高的产量。尤其在开花期，如果光照良好，坐果率明显提高；阴雨、低温则易造成大量落花落果。花椒属于浅根性树种，不耐干旱，需经常浇水保持土壤湿润，也不耐涝，短期积水可致死亡，雨季要注意防水防涝。喜质地疏松、保水保肥性强和透气良好的沙壤土和中壤土，沙土和黏土则不利于花椒的生长。抗病能力强，隐芽寿命长，故耐强修剪。

◎**种植贴士**：花椒在冬季进入休眠期，当春季平均气温稳定在6℃以上时，椒芽开始萌动，10℃左右时发芽抽梢。花期适宜温度为16~18℃。果实生长

发育期的适宜温度为 20~25℃。

花椒的适应性强，管理容易，房前屋后、田间地头均可栽植。花椒既可以春播也可以秋播，但秋播比春播要好：一是秋播花椒免去了种子催芽的程序，二是种子自然发芽，一次出齐，抗病能力也较强。每年 6~7 月间以及开花结果期各追肥 1 次并及时中耕除草，雨季注意排涝。移栽后当苗木高 60 厘米以上时，应及时定干，高度以 50~60 厘米为宜，斜剪枝条。同时剪去弱枝以及高于地面 30~40 厘米的侧枝。

夏季结合采收花椒，及时进行修剪。对主枝和侧枝的枝头进行短截，疏密弱留强壮，秋季再剪去多余的大枝，最后每株保留 5~7 个大枝。

◎种植方法：

①花椒种壳坚硬，又有油质、蜡质，故水分不易渗透进种子，发芽比较困难，因此要进行脱脂处理。播种前可用草木灰揉搓，去掉种皮上的油脂。

②育苗地应施足基肥，深翻后整平，并浇 1 次透水。

③采用条播法种植。行距20~25厘米开浅沟，放入花椒种子，覆土厚1厘米，然后在畦面上覆盖薄薄1层草或塑料地膜。

④保持畦面湿润，出苗后即可除去覆盖物。

⑤当苗木长到3厘米左右时进行第一次间苗，当苗木10厘米高时将苗移栽到单独的容器中。

⑥一般苗木长至1年后就地栽植，栽植时节宜在秋季或雨季进行，栽植按行距2.2米，株距1.5米进行挖穴（家庭种植一般1~2棵就能满足需求），先将混有农家肥的深层土壤填入坑底并踩实，然后将苗木放入坑中，覆土在根部，并轻轻提抖苗木，栽植深度以苗木根茎略高于地面为宜，栽后浇透水。

⑦花椒一般栽后两年挂果，3~4年进入盛果期，摘果后要及时追肥。

⑧采收完毕后，在深秋进行一次重剪，并施足越冬肥。

香椿

◎**种植时间**：3月上中旬播种或3~4月移栽。

◎**品种特点**：香椿被称为"树上蔬菜"，是香椿树的嫩芽，又名香椿芽、香桩头。原产于我国，国人食用香椿久已成习，汉代就遍布大江南北。每年春季谷雨前后，香椿发的嫩芽可做成各种菜肴。香椿叶厚芽嫩，绿叶红边，犹如玛瑙、翡翠，香味浓郁，营养之丰富远高于其他蔬菜，为宴宾之名贵佳肴。香椿还具有一定的食疗作用，主治外感风寒、风湿痹痛、胃痛、痢疾等。

香椿喜温，抗寒能力随树龄的增加而提高。喜光，较耐湿，适宜生长于河边、宅院周围肥沃湿润的土壤中，一般以沙壤土为好。

◎**种植贴士**：香椿生长温度在16~25℃，以20~25℃最为适宜，超过35℃则停止生长。香椿能耐低温，成龄大树

能耐 -20℃的低温，但幼龄树抗低温能力差；一年生的苗木其耐寒性也较差，当在气温 -10℃时，主干即会冻死。

香椿的繁殖分播种育苗和分株繁殖（也称根蘖繁殖）两

种。若播种繁殖，由于香椿种子发芽率较低，因此要进行催芽处理，家庭种植可以直接购买 2 年的香椿苗栽植。

香椿的田间管理比较粗放，但为了使生长快、产量高，还要注意肥水和病虫害防治。如天气干旱，应及时浇水；每年要中耕松土，并浇施人畜粪尿。虫害有香椿毛虫、云斑天牛、草履介壳虫等，可用人工方式捕捉。

采收最好在早晨 8 点以前，此时晨露未干，香椿芽水分多，比较鲜嫩。若采摘后不立即食用，可以扎成 1 捆，竖起来放在冰箱储藏。

◎种植方法：

①播种前，要将香椿种子在 30~35℃的温水中浸泡 24 小时。捞起后，置于 25℃处催芽至胚根露出米粒大小时播种。

②出苗后，当生出 2~3 片真叶时间苗，4~5 片真叶时定苗，行株距为 25 厘米 ×15 厘米。香椿苗育成后，在翌年早春发芽前定植，定植后要浇水 2~3 次，以提高成活率。

③一般在清明前发芽，谷雨前后就可采摘顶芽，长 10~15 厘米的最好。第一次采摘的，称头茬椿芽，不仅肥嫩，而且香味浓郁，质量上乘。

④香椿顶芽较少，长期采收要靠大量的侧芽萌发。当新梢长至 25 厘米时，将顶梢剪去 15 厘米，保留 2~4 个复叶。

⑤当侧芽萌发，长到 25 厘米时，用同样方法采收梢部 15 厘米长的嫩芽。

以后每隔 20 天左右采收 1 次，每年能采收 6~10 次，管理好的采收次数更多。

⑥首次采芽后，每隔 15~20 天追施液肥 1 次。

★种植随笔：四海皆菜友，天涯若比邻

户外旅游有"驴友"，汽车爱好发烧友叫"车友"，那么一群热爱种菜的人，自然就叫"菜友"啦！通过种菜，你会认识许多志同道合的朋友，他们和你一样热爱土地、热爱劳动、热爱大自然、热爱新鲜的事物，崇尚健康的生活方式。这样的一群人聚在一起，简直不能更棒！

和驴友、车友等不同的是，菜友不仅限于一城一地，而是遍布全国，甚至全世界，微信群、QQ 群，各种种菜网站、论坛等，只要有网络的地方，就有菜友的身影。互联网将大家的心与心联系在一起，分享种菜的酸甜苦辣。

于是你会看到：有人每天晒出自己家菜园的模样，引来一片赞叹之声；只

要问出一句有关种植的问题，立马会收到许多条热心回答；一些新奇特的蔬菜种子，主人会毫不吝惜地邮寄给世界各地的朋友们进行分享；采摘完蔬菜，迫不及待地拍照发给菜友欣赏……真是一派生机勃勃、热闹非凡的景象。

就拿我来说，菜友遍布全国，新疆的也有，海南的也有，美国、加拿大的都有。我种过的很多新品种蔬菜种子，都是菜友们分享的，比如黑番茄、台湾绿宝苦瓜、超级二金条辣椒等。这些分享的种子就像是他们出嫁的女儿，每隔一段时间，我就要向娘家人"汇报"一下它们的生长情况，看着它们茁壮成长，我们都无比高兴和欣慰。

我也经常在论坛举办分享活动，有时候，于你可能只是举手之劳，但却能给别人带来快乐。比如北京的一位菜友，她是广西人，特别喜爱紫苏，可是种植总是不成功。听闻她准备再次网购种子尝试，我便将当年收获的紫苏种子给她寄去。要知道，在我们这儿，紫苏几乎是不需要人工种植的，犄角旮旯石头缝里都能长，而且只要今年长过一棵，明年还会自己发芽、自己长大，我们需要做的，至多就是在大旱的时候给它浇上一瓢水罢了。这位菜友收到种子非常开心，现在已经种植成功，她不仅发来紫苏长势旺盛的照片，还教会我如何用紫苏来烧鱼，真别说，这鱼加了紫苏，不但腥气全无，还有一股别致的香气呢！

有时候，当地或附近地区的菜友们，还会自发组织线下的参观联谊活动。我就曾去武汉的菜友家进行为期两天的学习参观，两位种菜群的群主康康和浮生姐为大家安排好参观路线，从天台、露台到大田种植基地，各种菜园类型应有尽有，给我留下深刻印象。每到一地，都会得到主人的盛情款待，并且将自己的种植经验拿出来与大家探讨。

尤其是浮生大姐自己种植的大田菜园，地域广阔，蔚为壮观。一行十余人纷纷拿起手机、相机一路狂拍，浮生大姐更是慷慨地让大家尽情采摘！这一路欢声笑语响彻大地。而我为我的小菜园起名为"青青三园"，意即绿色菜园、花园、果园之意。青青三园建成这两年，也接待了数次菜友来访，赠书、赠菜、赠种子，都是"常规动作"，旨在让大家乘兴而来，尽兴而归。这也算是我回馈菜友们的一点心意吧！这真正是——四海之内皆菜友！